동강이 품은 들꽃

사진·글 **정 의 목**

한국교원대학교 대학원에서 지리교육을 전공하였고
현재 영월 석정여자고등학교 교사이다.
환경지리분야를 지리교육에 연계하기 위해 활동하고 있으며,
"현장체험과 학습의 일체성"이라는 주제에 대해 고민중이다.

동강사진마을 운영위원
동강국제사진제 전국 초등학교 사진일기공모전 책임위원
영월문화원 향토조사 위원
동강보존본부 자문위원
호야지리박물관 지리트레킹지도위원
강원도 탄광문화촌 건립 자문위원

동강이 품은 들꽃

동강보존본부와 원주지방 환경청의 도움으로『동강이 품은 들꽃』을 발간한지 벌써 5년여가 흘렀습니다. 그동안 보완된 원고를 가지고 다시 책으로 엮어내게 되어 기쁘기 그지 없습니다. 사실 우리 인간의 눈으로 자연을 바라보는 시각은 바뀌어야 한다고 생각합니다. 말없이 그곳에 그대로 있는 들꽃들, 식물들, 곤충들…. 인간이 마음대로 변형시키고 파괴해도 된다는 권리는 없는 것 같습니다. 자연의 소중함을 인식하고 이제는 우리 스스로가 보호해야한다고 생각합니다. 왜냐하면 우리 후손들도 이런 자연환경 속에서 살아야 하기 때문입니다. 렌즈로 바라본 들꽃의 세계는 정말 경이롭습니다. 요즘은 디지털카메라의 보급으로 들꽃사진을 촬영하는 사람들이 많이 늘어나 같은 취미를 가진 사람들끼리 반갑기는 하지만, 비례해서 자생지가 파괴되는 일이 다반사로 나타나고 있습니다. 사진을 취미로 하는 사람들끼리는 묵언의 약속을 해야 합니다. 우리가 피사체로 찍고 있는 식물들을 보호하는데 앞장서자고….

이제『동강이 품은 들꽃』2집을 발간함에 있어 몇 가지 양해를 구하고자 합니다.

동강이 품은 들꽃

첫째, 이 책은 식물을 전공한 학자가 쓴 책이 아닙니다. 가능한 정확히 쓰려고는 하였지만 내용에 오류가 있을 수 있습니다. 너그러이 양해를 구합니다.

둘째, 들꽃의 이름을 세분하지 않았음을 알려드립니다. 같은 종류의 꽃은 큰 개념어로 적었습니다. 그리고 너무 어려운 식물학적 용어는 가급적 배제하였습니다.

셋째, 식물에 대한 전문적인 지식이 부족하므로 인터넷이나 또는 식물학자의 내용을 인용하였습니다. 인용출처가 많아서 출처를 다 기록하지 못하였으므로 이점도 양해를 구합니다.

넷째, 상업적인 내용의 책이 아니고 단지 우리 지역의 아름다운 자연환경과 주민들과 함께 배우고 익히는 책임을 밝혀둡니다.

끝으로 이 책을 발간함에 도움을 주신 여러분들께 감사를 드리며, 특히 최경모 동강사진마을 운영위원과 출사동행을 함께 해주는 장병기 님께도 인사를 드립니다.

2010년 8월

봄 Contents

여름 Contents

가을 Contents

Special Gallery

동강할미꽃

봄

가침박달 | 각시붓꽃 | 갈매기난초 | 감자난초 | 개별꽃 | 고광나무 | 고들빼기 | 골무꽃 | 광대나물 | 광대수염 | 괭이눈 | 괴불주머니 | 구슬냉이꽃 | 구슬봉이 | 국수나무 | 금강애기나리 | 금낭화 | 깽깽이풀 | 꽃다지 | 꽃마리 | 꿩의 다리 아재비 | 꿩의바람꽃 | 나도개감채 | 너도바람꽃 | 노란무늬붓꽃 | 노루귀 | 노루발풀 | 당개지치꽃 | 댕강나무 | 돌나물 | 돌단풍 | 동의나물 | 동강할미꽃 | 두루미꽃 | 둥굴레 | 매화말발도리 | 미나리아재비 | 민들레 | 백선 | 벌노랑이 | 복수초 | 복주머니란 | 봄맞이꽃 | 분꽃나무 | 불두화 | 벌깨덩굴 | 붉은병꽃나무 | 뻐꾹채 | 산자고 | 산작약 | 삼지구엽초 | 삿갓나물 | 생강나무 | 선개불알꽃 | 솜나물 | 솜방망이 | 쇠뜨기 | 쌍동이바람꽃 | 애기나리 | 애기똥풀 | 애기중의무릇 | 앵초 | 양지꽃 | 얼레지 | 연잎꿩의다리 | 윤판나물 | 으름덩굴 | 은방울꽃 | 은난초 | 줄딸기꽃 | 제비꽃 | 조뱅이 | 조팝나무 | 족두리꽃 | 좀꽃마리 | 진달래 | 쪽동백나무 | 처녀치마 | 천남성 | 큰괭이밥 | 풀솜대 | 피나물 | 한계령풀 | 현호색 | 홀아비꽃대 | 홀아비바람꽃

가침박달 장미목과의 낙엽관목

꽃은 4~5월에 흰색의 꽃이 마치 바람개비처럼 피는데, '가침박달'의 '가침'은 실로 감아 꿰맨다는 '감치다'에서 유래한 것이고, '박달'은 나무의 질이 단단한 박달나무와 닮았다고 '가침박달나무'라고 한다. 우리 지역은 가침박달꽃이 피면 온산을 하얗게 물들이며 피는데 그 모습이 장관이다.

다른이름 유앵(柳櫻)

꽃 말 청순, 순결

각시붓꽃 붓꽃과의 여러해살이풀

산지 숲 속이나 양지바른 곳에서 자란다. 붓꽃에 비해 작고 아름다우며 매우 기품있는 자태로 서있다. 봄나들이 가는 새 각시를 닮은 모습처럼 예쁘다고 하여 붙여진 이름이다. '각시'라는 이름은 작고 여린 꽃이라는 의미를 갖고 있다. 봄볕이 따사로운 날 강 근처 양지바른 풀숲이나 길가에서 무더기로 핀 꽃을 볼 수 있다.

다른이름 장미연미, 각씨붓꽃, 애기붓꽃

꽃　말 기별, 존경, 신비한 사람

갈매기난초 난초과의 여러해살이풀

숲 속 양지바른 곳에서 자생한다. 꽃은 5~6월경 백색 꽃이 15~25개가 갈매기가 떼 지어 날아가듯 빽빽이 핀다. 비슷한 꽃으로 같은 시기에 제비난이 피는데 산지 수림대에서 드문드문 발견된다.

다른이름 장거란

꽃 말 사랑의 향기

감자난초 난초과의 여러해살이풀

꽃은 5~6월에 노란색으로 핀다. '감자'란 이름의 유래는 뿌리와 줄기 사이에 달리는, 줄기의 일부분인 비늘줄기 비슷한 부분이 둥근 감자를 닮았기 때문이라고 한다. 우리 지역에서는 깊은 산 숲 속 축축하고 습기 있는 곳에서 볼 수 있다.

다른이름 감자난, 잠자리란, 전산란

꽃 말 지성

개별꽃 **석죽과의 두해살이풀**

밭이나 길가에서 자란다. 흰색의 자그마한 꽃이 피는 매우 흔한 풀인데 이른 봄부터 초여름까지 피는 하얀 꽃이 마치 자그마한 별이 땅에 흩어져 있는 것 같이 보여 별꽃이라고 부른다. 5~6월에 개화한다. 땅 위에 별들이 반짝이는 것 같은 아름다운 모습을 발견할 수 있다.

다른이름 성성초(星星草)

꽃 말 밀회

고광나무 범의 귀과에 속하는 낙엽관목

꽃은 순백색으로 5~6월에 피며 산골짜기나 산기슭에서 자란다. 흰색꽃과 은은한 향기가 매혹적이서 꽃을 따서 차로 만들어 먹기도 한다. 꽃의 모양과 색이 아름답.다. 작은 가지에는 털이 조금 있다. 잎은 양쪽 끝이 뾰족하며 뚜렷하지 않은 톱니가 있다.

다른이름 오이순, 쇠영꽃나무

꽃 말 추억, 기품, 품격

고들빼기 꿀풀과의 여러해살이풀

5~9월 사이에 노란색의 꽃이 핀다. 줄기를 자르면 흰 유액이 나온다. 빈 터나 산과 들의 풀밭에서 자라는 고들빼기는 김치를 담글 수 있다. 강원도에선 꼬들빼기란 말이 더 어울린다.

다른이름 토끼 쌀밥, 쓴나물(고채), 씬나물, 꼬들빼기, 싸랑뿌리, 씸배나물

꽃 말 순박함

골무꽃 꿀풀과의 여러해살이풀

5~6월 사이에 청색의 꽃이 핀다. 꽃의 윗입술은 투구를 닮았고 아랫입술은 넓게 퍼져서 마치 골무와 같다고 하여 골무꽃이라는 이름이 붙었다.

다른이름 편향화, 한신초

꽃 말 의협심

광대나물 꿀풀과에 속하는 두해살이풀

이른 봄 양지쪽 밭가에 붉은색 꽃이 깔려 있음을 볼 수 있다. 마치 광대가 두 손을 들고 재주를 부리는 듯 작고 아름다운 꽃이 핀다. '광대나물'이라는 이름의 유래는 줄기를 빙 둘러싸고 꽃을 받치고 있는 이파리가 어릿광대들이 입는 옷의 목둘레 장식과 닮았기 때문이라고 한다. 광대나물은 꿀샘이 깊기 때문에 꽃을 따서 빨면 꿀이 나와 달콤하다.

다른이름 코딱지풀, 접골초, 진주연, 코딱지나물, 보개초

꽃 말 봄이 그립다

광대수염 꿀풀과의 여러해살이풀

산지나 숲 속의 약간 그늘진 곳에서 자라며 꽃은 5월에 연한 홍색 또는 백색으로 아래를 향해 핀다. '광대수염'이란 이름은 꽃이 피는 잎자루와 줄기의 겨드랑이 사이에 긴 수염 같은 돌기가 나 있어 붙여진 이름이다. 동강유역에서는 5월경 풀숲을 헤치면 어디서나 광대수염을 볼 수 있다.

다른이름 수모야지마, 야지마(일본식 이름)

꽃 말 나를 생각해요

괭이눈 범의귀과 여러해살이풀

꽃이 피면 햇살에 지긋이 감긴 고양이의 눈 같은 모양이 나타나서 붙여진 이름이다. 괭이눈이 황금빛가루를 발산하는 이유는 작은 꽃을 큰 꽃처럼 위장하여 곤충을 유인하여 수정하는 방법을 스스로 터득한 것이다. 이처럼 작은 꽃이 스스로 지혜를 짜내 생존하려는 자연의 법칙 앞에 숙연해 진다. 골짜기의 축축한 곳에서 꽃을 볼 수 있다.

다른이름 금요자

꽃 말 골짜기의 황금

괴불주머니 현호색과의 두해살이풀

오색의 비단 노리개를 괴불주머니라고 하는데 꽃모양이 이 괴불주머니와 닮아있어서 유래된 이름이다. 개화기는 4~5월 사이이며 노란꽃이 줄기에 매달려서 피는데 가까이서 보면 괴불주머니와 현호색 종류는 꽃 색깔만 다를 뿐, 거의 비슷한 모습을 하고 있다. 물론 모두 다 유독성 식물이다. 우리 지역 이른 봄 어디서나 피는 흔한 꽃이며 봄의 전령사이기도 하다.

다른이름 암괴불주머니, 습지 자근

꽃 말 보물주머니, 비밀

구슬냉이꽃 십자화과의 두해살이풀

꽃은 5~6월에 가장 절정이다. 특히 동강변 자갈밭에서 무리로 가장 화려하게 핀다. 노란 구슬냉이꽃이 피면 동강과 어우러져 한폭의 그림을 만든다.

다른이름 둥근속속이풀, 구과한채

꽃 말 충성, 나의 모든 것을 바칩니다

구슬봉이 용담과의 두해살이풀

개화기는 3~5월 사이이며, 묘지 근처나 풀밭 사이의 축축한 곳에서 조그만 용담 모양의 꽃이 피어난다. 용담의 축소판 같다 하여 소용담(少龍膽)이라고 부르기도 한다. 별꽃보다 더 별을 닮은 꽃이다.

다른이름 석용담, 봄구슬붕이, 소린엽용담, 인엽용담(鱗葉龍膽), 암용담, 자화지정

꽃 말 기쁜 소식

국수나무 장미과의 낙엽관목

꽃은 5~6월에 피는데 줄기 속의 굵고 하얀 모습이 국수 같아서 국수나무라고 부른다. 또는 가지를 잘라 잘 벗기면 국수 같은 하얀 줄기가 나온다고 국수나무라고 부른다는 설도 있다. 국수나무는 숯섬의 마구리로 쓰였다고 한다. 야산 근처 풀숲에서 쉽게 찾을 수 있다.

다른이름 셍이독까리, 셍이폭낭, 수국, 소진주화

꽃 말 동심

금강애기나리 백합과의 여러해살이풀

우리나라 특산종으로 비교적 높은 산의 침엽수림 밑의 부식질이 많은 토양에 자란다. 금강애기나리는 잎에 갈색의 반점이 있다. 꽃 이름에 '금강'이라는 이름은 금강산에서 처음 발견되었다는 뜻이고, '애기'란 이름이 들어가면 작다는 뜻이 있다. 높은 산(해발 1,000m이상)에서 볼 수 있으나 개체수가 그리 많지 않은 것이 특징이다.

다른이름 진부애기나리(진부에서 처음 채집하여 유래됨)

꽃 말 청순

금낭화 양귀비과의 여러해살이풀

개화기는 4~6월 사이이며 숲 가장자리나 계곡에서 자란다. 어린소녀가 머리를 양갈래로 따고 수줍은 듯 웃는 모습을 연상케 한다. 학생들에게 꽃이 무엇처럼 생겼니 하고 물어보았더니 '삐삐(말괄량이 소녀)'라고 한다. 산성 토양에서는 흰색이 핀다. 꽃이 덩굴에 매달린 듯 피었으며 주머니 모양을 하고 있어, 금낭화(錦囊化:비단주머니)라 이름 지어진 것 같다. 요즘은 흔하게 볼 수 있는 꽃이다.

다른이름 며느리주머니, 며늘 취, 덩굴모란

꽃 말 당신을 따르겠습니다

▲흰색 금낭화

깽깽이풀 매자나무과의 여러해살이풀

깽깽이풀은 바이올린을 두고 하는 말이다. 꽃은 4월 쯤에 개화하는데 연보랏빛색이 은은하고 화려하다. 보호식물로 지정되어 있다.

다른이름 황련(노란색 뿌리에서 유래), 조선황련

꽃 말 설원의 불심, 안심하세요

꽃다지 십자화과의 두해살이풀

꽃은 4~6월 사이에 피며, 노란꽃이 마치 유채꽃을 연상시킨다. 논두렁이며, 묵은 밭이며 봄의 전령사처럼 무리로 피어난다.

다른이름 꽃따지, 모과정력, 정력자, 코딱지나물

꽃 말 무관심

꽃마리 지치과의 여러해살이풀

꽃이 둘둘 말려 있다고 해서 식물 이름을 '꽃마리' 또는 '꽃말이'로 붙였다고 한다. 점점 피면서 꽃잎이 펴진다. 꽃은 4~5월에 연한 하늘색으로 피는데 작다. 누구도 감히 흉내낼 수 없을 정도의 고귀한 품격을 가진 꽃이라고 할 수 있다. 계곡이나 산지의 숲 속에서 여러 개의 개체가 발견된다.

다른이름 잣냉이, 꽃다지, 부지채

꽃 말 나를 잊지 마세요

꿩의다리아재비 매자나무과의 여러해살이풀

꽃은 5~6월에 녹색을 띤 노란색으로 핀다. 깊은 산 수림 아래 자생한다. 꿩의 다리와 같이 키가 커서 꿩의 다리, 황금색 노란꽃은 미나리 아재비를 닮아서 두 개의 꽃을 합쳐놓은 이름이다. 잎 모양이 삼지구엽초와 비슷하다.

다른이름 개음양곽, 가락풀나물, 줄기잎나물

꽃 말 천진난만

꿩의바람꽃 **미나리아재비과의 여러해살이풀**

꿩의바람꽃이 피기 시작하면 옛 사람들은 '아! 꿩이 바람을 피우는 계절이 왔구나! 보름쯤 후면 꿩이 알을 낳겠구나!'하고 생각했다고 한다. 꽃은 3~5월에 피는데 줄기의 윗 쪽 중심에 곧게 선 줄기에 1개의 흰색 꽃이 핀다. 이른 아침 꽃이 막 피어날 때 가보면 꽃잎이 마치 손가락을 동그랗게 말아쥐고 손가락을 피려고 하는 모습을 하고 있다. 깊은 산 또는 동강 근처 개울가에서 쉽게 찾아볼 수가 있다.

다른이름 다피은련화, 은련화, 양두첨, 죽절향부

꽃 말 사랑의 괴로움

나도개감채 백합과의 여러해살이풀

산지의 볕이 잘 드는 풀밭에서 자란다. 꽃은 5~6월에 녹색이 섞인 흰색으로 맑고 순수하다. 가녀린 꽃대로 마치 아름다운 소녀가 풀 속에 외로이 있는듯한 꽃이다. '나도'란 이름이 들어가면 본래 꽃과 생김새가 비슷하다는 뜻이다. 풀숲사이를 잘 찾아보아야 한다.

다른이름 두메무릇, 와판화

꽃　말 나도 백합이다

너도바람꽃 미나리아재비과의 여러해살이풀

아직 산허리엔 잔설이 남아있는 2~3월경 산지 숲 속에 가면 너도바람꽃이 눈을 뚫고 올라와서 피어있다. 너도바람꽃은 Anemone 속은 아니지만 바람꽃을 닮았기 때문이다. 희귀 및 멸종 식물로서 보호되어야 한다. 깊은 산 속 수림 속에서 핀다. 겨울과 봄의 계절(節)을 나누는(分) 풀(草)이란 뜻으로 옛사람들은 이 꽃이 피는 것을 보고 입춘이 왔음을 알았다고 한다.

다른이름 절분초(節分草)

꽃 말 사랑의 괴로움

노란무늬붓꽃 붓꽃과의 여러해 살이 풀

한국 특산종으로 흰색 바탕에 가운데 솟아있는 꽃잎을 중심으로 펼쳐진 꽃잎에 노란 무늬가 인상적이며 흰색 속의 노란색이 더욱 빛난다. 꽃은 4월에서 5월경에 개화한다. 높은 산이나 깊은 계곡, 산지 숲가 등에 자생한다.

다른이름 노랑무늬붓꽃

꽃 말 사랑의 상징

노루귀 미나리아재비과의 여러해살이풀

이른 봄 버석거리는 낙엽 쌓인 숲 속에서 자그마한 분홍색, 보라색, 흰색 꽃들이 한참 해바라기를 하며 서있다. 소나무 숲 속 어디를 가든 발에 밟힐까봐 겁나게 피던 그 노루귀, 꽃이 지고 나면 잎이 올라오는데 꼭 잎이 말려져 올라오는 것이 노루의 귀를 닮았다. 그래서 '노루귀꽃'이고 유독성식물이다.

다른이름 파설초

꽃　말 인내

노루발풀 노루발과의 여러해살이풀

겨울에도 잎이 늘 푸르며 꽃은 5월에서 7월 사이에 핀다. 하얀 눈이 쌓인 겨울 산기슭에 보이는 파란 잎이 귀여운 노루의 발자국 같다하여 붙여진 이름이다. 노루발을 만나러 가면 송진 냄새를 맡을 수 있다. 꽃은 흰색이며 아래를 향하여 피는데 피었을 때 꽃술이 삐져 나온 모습도 노루발을 닮았다. 꽃이 지면 꽃과 똑같이 생긴 씨방이 생긴다. 소나무 숲 속 어디에서든지 볼 수 있다.

다른이름 녹제초(鹿蹄草)

꽃 말 소녀의 기도

당개지치꽃 지칫과의 여러해살이풀

잎들 가운데 긴 꽃대가 나와 보라색의 꽃이 핀다. 꽃은 5월경 개화한다. 연약함과 세련됨을 갖춘 꽃이라고 누군가 말했다. 당(唐)개지치이다. '개'는 참이 아닌 것이다.

다른이름 당꽃마리, 산가자

꽃 말 축배

댕강나무 인동과의 낙엽관목

꽃은 5월에 피는데 엷은 홍색 꽃이 피며 성냥같은 꽃 모양의 화관(花冠)은 연분홍색이고 안쪽은 흰색이다. 해발고도 250m 정도의 산기슭 양지쪽에서 자란다. 댕강나무란 이름은 줄기를 꺾을 때 댕강댕강 잘 부러진다고 해서 붙여진 이름이다.

다른이름 육조목(六條木)

꽃 말 화끈한 삶

돌나물 돌나물과의 여러해살이풀

들판의 돌 위나 습기가 있는 곳에서 자란다. 꽃은 5~6월 사이에 노란 별을 닮은 꽃이 핀다. 비슷한 꽃으로 기린초라는 꽃이 있다. 잎은 줄기를 따라 나는데 물김치 재료로 쓰이기도 하고, 비빔밥으로 쓰이기도 한다. 돌나물은 에스트로겐 대체 효과가 있어 갱년기장애가 나타나는 여성에게 좋다. 우리 지역에서는 흔하게 돌나물을 볼 수가 있다.

다른이름 돈나물, 돋나물, 와경천초(누워서 하늘을 구경하는 풀), 석련화(잎 조각이 연꽃잎과 닮아서), 수분초(화분에 심어두면 수양버들처럼 줄기가 이어진다고 해서)

꽃 말 사랑의 마음을 전하는 연정(戀情), 근면

돌단풍 범의귀과의 여러해살이풀

주로 바위틈(특히 석회암을 좋아한다)에 굵은 뿌리를 내리고 물가에 어울려 자란다. 단풍나무와 비슷한 잎을 가져서 붙여진 이름이며, 가을에 물이 드는데 단풍마저도 곱다. 전 세계에 1종이 분포한다. 돌단풍은 절벽 위에 매달려 꽃을 피우고 잎을 내밀고 단풍이 드는 모습이 주변과 어울리는 잘 키워진 분재 같은 경관을 연출한다.

다른이름 장장포, 부처손, 돌나리

꽃 말 나를 데려가지 마세요

동의나물 미나리아재비과의 여러해살이풀

우리나라 전역의 습지에서 자생하는 유독성 식물이며, 한국특산식물이다. 4~6월에 황색의 꽃이 핀다. 꽃이 피어날 때 봉오리진 모습이 물동이 같다 하여 동의나물이라고 한다. 일부사람들은 잎의 모양이 곰취와 비슷하여 나물로 먹고는 병원 신세를 지기도 한다. 습지 지역에서 무리로 노란 꽃이 무더기로 핀다.

다른이름 동이나물, 입금화(立金花)

꽃 말 다가올 행복

동강할미꽃 미나리아재비과의 여러해살이풀

1998년에 처음 발견되어 학계에 보고된 희귀한 식물로서, 학명(Pulsatilla tongkangensis)에도 동강이라는 이름이 들어갈 정도로 동강을 대표하는 식물로 산림청 지정 보호종이다. 꽃은 3~4월 사이에 핀다. 동강할미꽃은 자주색과 분홍색, 흰색이 있다. 모양도 동강할미꽃은 하늘을 보고 피어있다. 아마 석회암을 좋아하는 할미꽃의 특성이 꽃에 그대로 반영되어 있는 것일 것이다. 우리가 정말 아끼고 보존해야할 식물자원이다. 최근 농업기술센터에서 증식에 성공하여 자생지 복원을 하고 있다.

다른이름 분홍할미꽃, 하늘할미꽃 등

꽃 말 슬픈 추억, 충성

두루미꽃 백합과의 여러해살이풀

꽃은 5~6월에 핀다. 높은 산 숲 속에서 조용히 피어있는 그 모습이 외로운 한 마리 두루미를 닮았다.

다른이름 좀두루미꽃, 무학초(舞鶴草), 이엽무학초(二葉舞鶴草) 등

꽃 말 화려함, 변덕

둥굴레 백합과의 여러해살이풀

어렸을 때 산에 오르다 배가 고프면 둥굴레 뿌리를 캐어먹던 생각이 난다. 그래서 요즘 둥굴레 차가 나오는가 보다. 둥굴레차는 뿌리를 뻥튀기 기계를 이용해서 한번 튀겨서 만든다고 한다. 풀숲 대부분 지역에서 발견된다.

다른이름 선인반(도를 닦는 신선이 즐겨 먹었다는 전설에서 유래)

꽃 말 고귀한 봉사

▲ 둥굴레 씨앗

매화말발도리 **범위귀과의 낙엽관목**

한국 특산으로 국내에만 자생하는 특산식물로 산지수림속, 바위틈에서 자란다. 꽃은 흰색으로 5월에 주로 핀다. 꽃은 매화와 비슷하다. 열매의 모습이 말발과 비슷해서 생긴 이름이다.

다른이름 댕강목(가지가 꺾일 때 나는 소리를 따서)

꽃 말 애교

미나리아재비 미나리아재비과의 여러해살이풀

미나리아재비라는 이름은 "미나리와 유사하다는 뜻이나 미나리와 거리가 멀다"는 취지에서 붙여진 이름이며, 습기를 좋아하는 식물이므로 축축한 땅의 양지에서 잘 자란다. 꽃은 노란색으로 5~6월에 주로 핀다. 유독성 식물이다. 누가 광택제라도 뿌려놓은 듯 꽃잎이 반짝인다. 우리 지역에서는 습지지역, 축축한 풀밭에서 무리로 핀다.

다른이름 놋동이

꽃 말 천진난만

민들레 국화과의 여러해살이풀

노래가사에 나오는 것처럼 토종 민들레는 발에 밟히고, 척박한 땅에서도 꽃을 피우며 자란다. 이처럼 우리의 토종 민들에는 강인한 생명력과 절개를 가지고 있다고 알려져 있다. 그러나 서양 민들레가 토종 민들레보다도 더 적응력이 뛰어나서 몇 남지 않은 토종을 밀어내고 있다. 서양 민들레는 1년 동안 여러 번 꽃을 피우지만 토종민들레는 봄에 한 번만 수정이 된다.

다른이름 지정, 포공초, 포공영, 안질방이

꽃 말 분산

▶ 토종 민들레(상), 서양 민들레(하)

백선 운향과의 여러해살이풀

백선은 숲이 짙어질 4~5월쯤 되면 꽃이 피는데 냄새가 심하게 난다. 꽃은 연한 보라색, 연한 붉은색에 붉은 신경이 있는 것처럼 보인다. 산호랑나비 애벌레의 숙주식물이기도 하다. 등산길에 피어 있는 아름다운 모습에 홀려 성급하게 꽃을 꺾는다거나 만지면 큰일난다. 산지 숲 속에서 꽃이 필 때면 쉽게 찾아볼 수가 있다.

다른이름 백양선, 양선초, 검화, 백선피

꽃　말 방어

벌노랑이 콩과의 여러해살이풀

이름에 '벌'자가 붙으면 확 트인 벌판에서 자라는 식물이다. 이 꽃이 노란 벌을 닮았다. 숲에서 노란 벌들이 잉잉대며 풀 위에 앉아 있는 것처럼 보이며, 아니면 노랑병아리들이 삐약삐약대며 숲 속에 몰려 앉아 어미 닭을 기다리는 것 같다. 풀숲이나 초원에서 많이 발견된다.

다른이름 노랑 돌콩, 오엽초, 황금화

꽃 말 다시 만날 때까지

복수초 미나리아재비과의 여러해살이풀

3월에서부터 피기 시작한다. 복수초는 복(福), 목숨(壽), 풀(草) 즉 노란색 꽃은 생명을 뜻하는 꽃이며 설날에 복(福)과 수(壽)를 축원하기 위하여 바쳐진 꽃이어서 붙여진 이름이다. 눈 속에 핀 복수초도 볼 수가 있다. 산림이 울창한 그늘진 숲 속에서 볼 수가 있다.

다른이름 원일초, 눈색이꽃, 얼음새꽃, 설연화

꽃 말 봄의 미소, 슬픈 추억

복주머니란 난초과의 여러해살이풀

꽃은 5월에서 6월 사이에 개화하는데 꽃의 모양이 옛날의 허리띠에 차고 다니는 복주머니 모양과 같다하여 붙여진 이름이라 한다. 자생지에서 다른 곳으로 옮겨 심으면 뿌리에 공생하는 균류가 바뀐 환경에 적응하지 못해 대체로 3년 안에 고사한다고 한다.

다른이름 개불알꽃, 개불난

꽃 말 나를 이겨 가져가세요, 기쁜 소식

봄맞이꽃 앵초과의 한두해살이풀

우리 주변에서 흔하게 볼 수 있는 꽃으로 3~5월경 흰색 꽃이 핀다. 묘지근처, 아직 밭갈이를 하지 못한 곳 등 봄의 전령사로 무더기로 핀다. 몸을 낮추어야 잘 보이므로 항상 낮은 자세로 임하기를 가르쳐 주는 것 같다. 양지 바른 곳 어디서나 이 꽃을 볼 수가 있다.

다른이름 점지매(땅바닥에 매화 같은 흰색 작은 꽃잎이 뿌려진 듯 보여서), 보춘화, 동전초(풀잎이 동전처럼 생겨서), 봄맞이, 후선초, 후롱초

꽃 말 봄맞이꽃

분꽃나무 인동과의 낙엽관목

꽃의 모양이 분꽃을 닮아서 이 이름이 생겼다. 분꽃나무는 관상용으로 대단히 가치가 높다. 꽃도 아름다울 뿐만 아니라 향기도 진하다. 가을엔 아름다운 단풍도 선물한다. 꽃은 4월에서 5월경 피는데 처음에는 연한 분홍색에서 만개하면 흰색으로 변한다. 분꽃나무꽃이 막 피기전 모습이 색도 발그스레한 것이 꼭 성냥을 닮았다.

다른이름 분화목(粉花木)

꽃 말 사랑의 불꽃

불두화 인동과의 낙엽활엽나무

꽃은 초파일을 즈음하여 하얀 솜사탕처럼 피는데 부처님의 머리모습을 닮았다고 해서 불두화라고 부른다. 이 불두화는 무성화이다. 그래서 벌과 나비도 찾지 않는다. 꺾꽂이나 접붙이기로 퍼져나가지만 자신의 조상은 바로 백당나무이다.

다른이름 극락화, 사발꽃

꽃 말 은혜와 베품

벌깨덩굴 꿀풀과의 여러해살이풀

산골짝 음지에서 자라며 5월 중에 개화하며 자주색 꽃이 핀다. 뻗어 퍼지는 잎이 깻잎을 닮아서 생긴 이름이다. 벌깨덩굴 꽃을 밑에서 보면 위 부분에 꽃술이 달려있어, 벌이 꿀을 빨기 위해 위 꽃잎을 들추고 들어가야 하는데 이때 벌의 등에 꽃가루가 묻어 수정이 된다. 생존의 지혜이다. 습기가 있는 풀숲 속에 들어가면 지천으로 볼 수가 있다.

다른이름 지마화, 벌개덩굴, 벌깨나물

꽃 말 메기

붉은병꽃나무 인동과의 낙엽관목

개화기는 5월 정도이며, 한국 특산종으로 처음에는 꽃이 흰색을 띠고 통부가 붉은 색이었던 것이 전체가 붉은 색으로 되는 것은 색병꽃, 황록색으로 피었다가 적색으로 지는 것을 병꽃나무, 화관은 백록색으로 통부의 겉이 붉은 빛으로 바뀌는 것을 삼색병꽃이라 한다. 강안의 절벽이나 숲 속에서 병꽃나무를 쉽게 발견할 수 있다.

다른이름 팟꽃나무, 병꽃나무, 조선금대화(朝鮮金帶花)

꽃 말 비밀, 전설

뻐꾹채 국화과의 여러해살이풀

건조한 양지에서 잘 자란다. 뻐꾹채는 뻐꾸기가 울 때 피기 때문에 또는 총포 잎이 포개진 모습이 뻐꾸기의 앞가슴 깃털을 닮아 그렇게 부르게 되었다고 한다. 꽃이 다 피면 끝 부분이 하얗게 변해 마치 고슴도치 바늘 같은 모습이 연상된다. 석회암의 절벽이나 메마른 밭가, 묘지 근처에서 발견된다.

다른이름 멍구지, 뻑꾹나물, 대화계 등

꽃 말 봄 나그네

산자고 백합과 여러해살이풀

양지바른 풀밭사이로 백합처럼 생겼으나 작은 모양인 산자고가 피어있음을 발견할 수 있다. 산자고는 그 잎 또한 묘하게 비틀고 있다. 꽃은 4~5월에 줄기 끝에 1~3송이가 달리는데, 넓은 종 모양이며 위를 향하여 벌어진다. 우리 지역에서는 따뜻한 밭가나 밭 가운데, 또는 묘지 근처, 풀숲에서 볼 수가 있다.

다른이름 광자고

꽃 말 봄 처녀, 처녀

산작약 나리아재비과의 여러해살이풀

깊은 숲 속에서 5~6월경 피는데 꽃의 색깔은 흰빛이며, 붉게 피는 것도 있다. 꽃은 활짝 피지 못하고 반 정도 벌어진 상태에 머문다. 흔히 꽃이 희고 뿌리가 굵으며 살진 것을 백작약(금작약)이라고 하며, 붉은색 또는 가지색 꽃이 피고 뿌리가 가늘며 힘줄이 많은 것을 적작약(목작약)이라고 한다.

다른이름 백작, 백작약, 산함박꽃, 메함박꽃

꽃 말 부끄러움, 수줍음, 교태(아양부리는 태도)

삼지구엽초 매자나무과의 여러해살이풀

꽃은 5월에 피며 연노란색이다. 가지가 3개로 갈라지고, 각각의 가지마다 3장의 잎이 달리기 때문에 삼지구엽초라고 한다. 주로 약재로 이용된다. 깊은 산에서 찾아볼 수 있다.

다른이름 음양곽, 선령비, 방장초 등

꽃 말 당신을 붙잡아 두다

삿갓나물 백합과의 여러해살이풀

꽃은 5~6월경에 숲 속에서 핀다. 꽃이 핀 모습이 삿갓의 전체적인 얼개를 닮았다. 유독성이다.

다른이름 삿갓풀, 칠엽지화

꽃 말 근심

생강나무 녹나무과의 낙엽관목

김유정님의『동백꽃』소설속에 "노란 동백꽃 속에 함께 파묻힌 나는 점순이의 향긋한 냄새에 정신이 아찔해진다. 이때 점순이는 어머니가 부르자 겁을 먹고 꽃 밑을 살금살금 기어서 내려가고 나는 산으로 내뺀다."라는 구절이, 또『정선 아리랑』에는 "아우라지 뱃사공아 배 좀 건네주게 싸리골 올 동백이 다 떨어진다 떨어진 동백은 낙엽에나 쌓이지"라는 가사가 나온다.

이 '동백꽃'은 모두 노란 생강나무꽃을 말한다. 생강나무는 잎보다 먼저 노란 꽃이 3월에 핀다. 생강나무에 열리는 열매로 기름을 짜 동백기름을 대신해서 아마도 동백꽃으로 불리는 지도 모른다. 잎이나 꽃을 문지르면 생강 냄새가 나기 때문에 붙여진 이름으로 나무를 꺾어도 생강 향이 코를 자극한다. 이른 봄 산지 수림속에 가면 생강나무를 볼 수 있다.

다른이름 황매목(黃梅木 : 매화보다도 일찍 핀다 하여), 단향매(檀香梅), 산동백, 개동백, 동배나무

꽃 말 수줍음

선개불알꽃 현삼과의 두해살이풀

5~6월에 흰색이 섞인 하늘색꽃이 핀다. 꽃의 크기는 5mm~1cm이다. 개불알꽃은 한국이 원산지이고, 큰개불알꽃과 선개불알꽃은 귀화종이다. 꽃이 진 다음에 맺히는 열매는 거꾸로 된 심장(하트) 모양의 가장자리에 털이 나 있고 끄트머리가 오목한 것이 개의 음낭(불알)을 닮았다해서 붙여진 이름이다. 길가나 빈터의 볕이 잘 들고 약간 습한 곳에서 자란다.

다른이름 봄까치꽃, 개불알풀, 지금(地錦:땅 비단), 전생파파납(田生婆婆納) 등

꽃 말 나를 이겨 가져가세요, 기쁜 소식

솜나물 국화과의 여러해살이풀

이른봄 숲 속 양지쪽에서 핀다. 꽃은 흰색이며 아주 작은 키에 2~3송이씩 핀다. 한번은 봄(4월)에 피고 한번은 가을(9월)에 핀다. 봄에는 붉은 꽃봉오리에서 꽃이 잡혔다가 피면 흰색이 된다. 봄꽃은 키가 한 뼘 정도지만, 가을에 피는 꽃들은 키가 무릎 높이 정도 자랄 만큼 크다. 잎 뒷면과 꽃줄기가 거미줄 같은 흰색 털로 덮여 있어 솜을 뒤집어 쓴 것 같다고 하여 솜나물이라는 이름으로 불리게 된 것 같다.

다른이름 대정초(大丁草), 솜나무, 부싯깃나물, 까치취

꽃 말 발랄

솜방망이 국화과의 여러해살이풀

양지쪽 묘 근처나 밭 근처에 가면 솜방망이꽃이 불쑥 올라와서 피어있다. 줄기에 하얀 솜털이 있어서 솜방망이 꽃이라고는 하나 전혀 솜방망이와는 닮지 않았다. 꽃은 5월에서 6월경에 핀다. 산지 숲 근처나 초원지대 근처에서 쉽게 찾을 수 있다.

다른이름 구설초(拘舌草 : 개혓바닥), 풀솜나물

꽃 말 그리움

쇠뜨기 속새과의 여러해살이풀

흔히 소가 잘 뜯어먹는다고 하여 붙혀진 이름이다. 생식줄기는 3~5월 사이에 볼 수 있다. 생식줄기의 모양이 뱀의 머리같다고 하여 뱀밥이라고도 한다. 양지바른 곳, 논두렁 어디에서나 볼수 있는 풀이다.

다른이름 문형(問荊), 접속초(接續草) 본초습유(本草拾遺), 공모초, 뱀밥 등

꽃 말 순정, 애정, 조화

쌍동이바람꽃 미나리아재비과의 여러해살이풀

꽃은 백색이며 5월에서 6월경 높은 산지에서 개화한다. 바람꽃속에 속하는 식물은 그늘이 있어야 자생한다. 쌍동이바람꽃은 두 개의 꽃이 한 대에 피기 때문에 외로워 보이지 않는다. 높은 산위에서 드물게 개체를 발견할 수가 있다.

다른이름 쌍동바람꽃, 쌍둥이 바람꽃

애기나리 백합과의 여러해살이풀

'애기나리'는 이름 그대로 어여쁜 애기처럼 작고 앙증스럽다. 화장하지 않은 백색의 순수함으로 우리의 마음을 사로잡는다. 꽃은 산지의 숲 속에서 4~5월 사이에 핀다. 꽃은 흰색으로 피고 줄기 끝에 1~2개가 밑을 향해 달린다. 애기라는 명칭은 큰 나리꽃에 비해 작고 아름답다는 뜻이다. 가을에 검은 열매가 열린다. 숲 속에서 자주 만날 수 있다.

다른이름 아백합, 보탁조

꽃 말 청순

▲ 애기나리 열매

애기똥풀 양귀비과의 두해살이풀

산 속 길가나 풀숲 등 우리 주변에서 자라는데 꽃은 5~8월 사이에 피며 노란색으로 핀다. 풀에 상처를 내거나 꺾어보면 노란 귤색의 액즙이 나오는데 이 액이 애기똥과 비슷하다고 해서 부쳐진 이름이다. 애기똥풀의 유액은 유독성이며 살균작용이 있다. 살짝 혀끝에만 찍어도 매우 쓴맛이 난다.

다른이름 까치다리, 백굴채(白屈菜:식물체 전체), 씨아똥, 젖풀

꽃 말 몰래 주는 사랑, 미래의 기쁨

애기중의무릇 백합과의 여러해살이풀

3월부터 노란색의 꽃을 피운다. 눈 속에서 피기도 한다. 대개 양지쪽이나 약간 축축한 곳에서 잘 자라며, 중의 무릇은 산속, 즉 스님은 산 속에 살고 잎이 무릇과 비슷해서 얻은 이름이다. 깊은 산 수림속에서 발견된다.

다른이름 애기중무릇, 작은애기물구지

꽃 말 일편단심

앵초 앵초과의 여러해살이풀

개화기는 5~6월이며 분홍색 꽃이 핀다. 깊은 산의 그늘진 곳이나 물가에서 자란다. 아침 일찍 앵초의 꽃에 내린 이슬이 마르기 전에 꽃을 따서 받아 놓은 맑은 빗물에 넣고 온 종일 햇볕에 놓아두면 꽃이 정수(精水)를 하였다. 이를 사랑하는 사람의 베개에 뿌려두면 다음 달 안에 사랑하는 사람의 마음이 열린다고 한다. 앵초의 꽃을 위에서 바라보면 꽃 모양이 벚꽃같이 보인다 하여 '앵초(櫻草)'라고 한다. 여기서 앵(櫻)은 앵두나무를 뜻하는 '앵(櫻)'자이고 '초(草)'는 풀을 뜻한다.

다른이름 취란화, 앵미, 앵채

꽃 말 소녀시절의 희망, 귀여움

양지꽃 장미과의 여러해살이풀

꽃은 4~6월 사이에 노란색으로 핀다. 양지쪽에서 주로 자라며 산지 가장자리 따뜻한 곳에서 많이 볼 수 있다. 유사종으로는 좀양지꽃, 세잎양지꽃(잎이 3개의 소잎으로 이루어졌다), 솜양지꽃, 딱지꽃 등이 있다. 소나무 수림 근처나 햇볕이 잘 드는 곳에서 쉽게 볼 수 있다.

다른이름 소시랑개비, 위릉채

꽃 말 사랑스러움, 봄

얼레지 **백합과의 여러해살이풀**

얼레지는 해발 1,000m 가까운 고산지대에 자생하는 꽃으로 개화는 4월에서 5월 사이에 핀다. 꽃 색은 연한 자주색으로 해가 뜨기 전에는 꽃잎을 다물고 있다가 해가 뜨면 꽃잎이 벌어져서 뒤로 젖혀진다. 그 모습이 마치 귀부인이 선녀 옷을 입고 님을 기다리는 모습이다. 얼레지의 어원은 잎이 얼룩얼룩해서 얻은 이름인 것 같다. 그 잎은 봄에 따서 말렸다가 묵나물로 먹는다. 높은 산에 주로 자생한다.

다른이름 가제무릇, 얼네지, 차전엽산자고

꽃 말 질투, 바람난 여인.

연잎꿩의다리 미나리아재비과의 여러해살이풀

잎이 연잎을 닮았다고 해서 부쳐진 이름이다. 반그늘 지역의 축축하고 습기가 있는 수림 밑에서 자란다. 환경부 보호종으로 지정되어 있다. 한국특산종으로 일부 지역에만 자생한다. 꽃은 6월경에 피는데 엷은 분홍색에 흰색을 띤다. 희귀한 식물로 개체가 드물게 발견된다.

다른이름 련잎가락풀(북한)

꽃 말 섬세한 아름다움

윤판나물 백합과의 여러해살이풀

꽃은 4~6월에 황금색과 흰색으로 피고 가지 끝에 1~3개씩 아래를 향하여 달린다. 윤판나물은 꽃이 잎에 쌓여 있어서 수줍게 얼굴을 내밀며 다 피지 않은 것처럼 보이지만 실제는 전부 다 핀 것이다. 산지 초원에서 흔하게 찾을수 있다.

다른이름 대애기나리, 큰가지애기나리, 대애기나물

꽃 말 당신을 따르겠습니다

으름덩굴 으름덩굴과의 낙엽 덩굴식물

4~5월에 연한 자줏빛 꽃이 피는데 향기가 무척 좋다. 한국바나나라고 하여 열매를 먹기도 한다. 열매는 9월에 익는다. 으름덩굴은 다른 나무를 감고 오르면서 자란다. 한 나무에서 암꽃과 수꽃이 다른 모양으로 따로따로 핀다. 과육을 먹으면 씨앗이 씹히면서 차가운 느낌이 전해져 얼음 같은 느낌이 난다고 해서 '으름'으로 불리게 되었다고도 한다.

다른이름 통초, 연복자, 팔월과, 림하부인

꽃 말 질투

▶으름덩굴 열매

은방울꽃 백합과의 여러해살이풀

은방울꽃은 대개 군락을 이루며 자라고 있다. 꽃모양이 은방울 같다 하여 은방울꽃이라고 한다. 향기가 좋아 '향수화'라고도 하며 프랑스에서는 행운의 꽃이라고 한다. 생명력이 대단히 강하고 번식력도 강하다. 초원지대에서 무리로 핀다.

다른이름 향수화, 오월화, 녹령초, 둥구리아싹

꽃 말 순결, 다시 찾은 행복

▲은방울꽃 씨방

▲은방울꽃 열매

은난초 **난초과의 여러해살이풀**

꽃색이 백색이므로 은난초(銀蘭草)라 한다. 백색의 꽃이 여러 송이 피는데 꽃이 활짝 벌어지지 않는 것이 특징이다. 5~6월에 꽃이 핀다. 산지 수림 중 음지에 자생한다.

다른이름 은란

꽃 말 탄생

줄딸기꽃 장미과의 낙엽관목

꽃은 6월에 연분홍색으로 핀다. 산과 들에 흔하게 자라는 나무이다. 열매는 7~8월에 익는다. 사람들은 산에서 만나는 딸기의 종류를 두고 모두 산딸기라고 하지만 사실 잎모양과 꽃모양의 종류가 스무 가지가 넘는다. 흔하기는 분홍색 꽃이 핀 다음 맺는 '줄딸기'이다.

다른이름 덩굴딸기, 덤불딸기, 만매

꽃 말 존중과 애정

제비꽃 제비꽃과의 여러해살이풀

제비꽃은 봄의 전령사다. 제비꽃은 종류만도 30여 종이 넘는다고 한다. 노랑제비꽃, 흰제비꽃, 분홍제비꽃 등이 있지만 우리가 흔히 알고 있는 제비꽃은 보라색 제비꽃이다. 일명 오랑캐꽃이라고도 하는데 그 이유는 제비꽃이 필때가 되면 오랑캐가 쳐들어와 노략질을 했기 때문이라고 한다. 노랑제비꽃은 높은 산에서 볼 수 있으며 흰제비꽃은 숲속에서 찾아 볼 수 있다.

다른이름 반지꽃, 병아리꽃, 씨름꽃, 오랑캐꽃, 장수꽃

꽃 말 나를 생각해 주세요, 겸양
보라는 정절, 백색은 순진무구한 사랑, 노랑색은농촌의 행복, 하늘색은 성실과 정결

◀ 제비꽃(알록)

◀ 제비꽃(노랑)

▲ 제비꽃(분홍)

조뱅이 국화과의 두해살이풀

꽃은 5~8월에 자주색으로 피며, 엉겅퀴, 지칭개와 비슷하지만 잘 살펴보아야 한다. 조뱅이는 꽃이 산발해 화장할 때 쓰이는 브러쉬 같은 느낌이 나며, 지칭개는 꽃이 더 문드러져있어 많이 사용하여 닳은 브러쉬 같다.

다른이름 자라귀, 조바리, 조병이

꽃 말 은밀한 사랑

조팝나무 장미과의 낙엽관목

조팝나무는 양지 바른 산기슭에서 4월경부터 핀다. 조팝나무는 흰색꽃에 노란 꽃술이 마치 좁쌀밥을 해 놓은것 같다 하여 조팝나무가 되었다. 최근에는 꽃꽂이로 많이 사용하기도 한다. 봄이 되면 밭가나 산지 숲 근처에서 지천으로 조팝이 핀다.

다른이름 조밥나무, 수절국, 조팝, 싸리나물

꽃 말 단정한 사랑

족두리꽃 **쥐방울과의 여러해살이풀**

꽃의 모양이 옛날 여인들이 예복을 갖추어 입을 때 머리에 쓰던 관(冠)인 족두리와 비슷하여 족두리풀이란 이름을 얻었다. 산길을 걷다가 족두리꽃을 보려면 잎을 젖히고 가랑잎 사이에 숨어있는 꽃을 찾아 보아야 한다. 꽃향기도 별로 좋지 않아서 나비 같은 곤충들이 찾아주지 않는다. 그래서 개미처럼 땅에서 기어다니는 곤충에 의해 수정을 한다고 한다. 깊은 숲 속에서 자생한다.

다른이름 세신

꽃 말 모녀의 정

좀꽃마리 지치과의 여러해살이풀

꽃은 4~5월에 핀다. 꽃말이가 변하여 꽃마리가 되었다. 좀이란 뜻은 원래 작다는 의미로 쓰인다.

다른이름 조선부지채(朝鮮附地菜), 좀꽃말이

꽃 말 나를 잊지말아요

진달래 진달래과의 낙엽관목

진달래꽃은 분홍색으로 3월부터 4월 사이에 잎보다 먼저 피어나고 각 가지마다 끝에 두 송이에서 다섯 송이까지 모여 핀다. 봄소식을 알려주는 전령사이기도 하며, 예전에 우리 조상들은 진달래꽃을 따 화전으로 먹기도 했으며, 술을 담가 먹기도 하였다. 진달래꽃의 변이 종인 흰색 진달래가 발견된다.

다른이름 참꽃, 음산홍, 산철쭉, 두견화

꽃 말 신념, 청렴, 절제, 첫사랑, 사랑에 희열, 절제의 미덕

▲진달래(흰색)

쪽동백나무 **때죽나무과의 낙엽교목**

꽃은 흰색으로 5~6월 사이에 피며 잎이 넓은 사이로 꽃이 포도송이처럼 주렁주렁 열리며 핀다. 때죽나무와 아주 흡사하다. 꽃이 향기가 좋으며, 잎도 냄새가 아주 좋다. 그러나 잎에는 독성이 있어 잎을 찧어 개울에 풀면 물고기들이 기절하여 떠오르기도 한다고 한다. 계곡으로 들어가면 봄날 은은한 향기를 뿜으며 흰색 꽃이 피는 쪽동백나무를 만날 수 있는데 흰 꽃이 떨어진 것을 주워 꽃 목걸이를 만들어 사랑하는 사람에게 선물해보자.

다른이름 산아주까리, 개동백, 옥령화, 쬭나무, 넙죽이나무 등

꽃 말 겸손

처녀치마 **백합과의 여러해살이풀**

꽃은 3월에서 4월경에 꽃대 끝에 수십송이의 자주색 꽃이 뭉쳐서 핀다. 잎이 땅에 퍼져 있어 치마폭을 펼쳐 놓은 듯한 모습이어서 처녀치마라고 이름을 지었다. 습하고 축축한 수림 밑에서 자생한다. 보호해야할 꽃이다.

다른이름 성성이치마, 치마풀, 치맛자락풀, 자화동방호마화(정선)

꽃 말 혼례와 절제

천남성 **천남성과의 여러해살이풀**

높이 50cm의 정도의 높이에서 연녹색의 꽃이 5월에서 7월 사이에 핀다. 산지 숲 속 음습지에서 볼 수가 있다. 꽃의 모양은 윗 부분은 앞으로 구부러지고, 긴 나팔모양의 꽃이 핀다. 가을이 되면 붉은 색의 열매가 달린다. 천남성은 독성이 강하므로 절대 먹어서는 안 된다. 사약의 재료로 쓰일 정도로 독성이 강하다.

다른이름 청사두초, 천남생이, 톱니아물천남성, 천남상, 쳐남상(제주), 치엽동북천남성(강원 정선), 촐남생이

꽃 말 보호, 비밀, 여인의 복수, 장대한 아름다움

큰괭이밥 괭이밥과의 여러해살이풀

큰괭이밥은 숲 속에서 볼 수 있다. 이른 봄 가랑잎 사이를 뚫고 올라오는데 괭이밥과 모양이 비슷하나 꽃이 크며 깊은 산 나무 그늘에서 자란다. 흰색이나 연분홍색의 꽃이 핀다. 괭이란 말은 고양이를 뜻하는데 괭이밥이란 고양이가 먹는다고 해서 괭이밥이라고 한다. 산지 깊은 숲 속에서 찾아 볼 수가 있다.

다른이름 신장초, 시금풀, 작장초, 산미초, 조장초

꽃 말 빛나는 마음, 추억, 동심

풀솜대 백합과의 여러해살이풀

꽃은 5~7월에 피고 백색이며 잎은 둥굴레처럼 가로질러 차례로 나며 어린잎은 식용, 생채 또는 데쳐서 쌈으로 먹거나 비빔밥을 해 먹으며 묵나물로 사용한다. 그늘에서 잘 자라며 줄기에 솜털이 많고 흰색의 작은 꽃들이 모여 있는 꽃차례가 솜뭉치처럼 보여서 '풀솜대'라고 한다. 높은 산에서 볼 수 있다.

다른이름 솜대, 솜죽대, 녹약, 지장보살

꽃 말 나는 당신을 믿습니다

피나물 양귀비과의 여러해살이풀

피나물은 줄기를 자르면 적색의 액이 나온다. 그 액이 꼭 피 같다고 하여 얻은 이름이다. 꽃은 주로 산그늘의 습지에서 잘 자라며 꽃은 4~5월 사이에 핀다. 봄에 어린잎을 나물로 하는데 독성이 있으니 충분히 우려서 먹어야한다. 산지 숲 속의 반그늘 지역에서 자생한다.

다른이름 여름매미꽃, 하청화, 노랑매미꽃

꽃 말 우둔

한계령풀 매자나무과의 여러해살이풀

한계령에서 처음 발견되었으므로 한계령풀이라고 부른다. 꽃은 5월에 피며 노란색이다. 개체가 귀해 발견하기 어렵다. 연약한 줄기에 비해 꽃들이 무거운 듯 휘어져 달리고 다시 이런 포기들이 수없이 많이 모여 군락을 이루어 핀다. 이름 있는 높은 산 수림 속에서 발견된다.

다른이름 모단초(牡丹草), 메감자

꽃 말 보석

▲현호색(보라)

▲현호색 엘레지

현호색 현호색과의 여러해살이풀

이른 봄 4월에 숲 속 습지에서 피는 현호색은 작은 식물이다. 요란한 색깔로 꽃을 피우는 것도 아니고, 향기도 강하지 않아 사람의 눈길을 끄는 식물이 아니다. 이른 봄 다른 잡풀들이 자라기 전에 얼른 돋아나 꽃을 피우고 시든다. 우리 지역의 현호색은 흰색종이다.

다른이름 남화채, 연호색, 연황색, 남작화, 원호

꽃 말 비밀

홀아비꽃대 홀아비꽃대과의 여러해살이풀

꽃은 4~5월경 산지의 그늘에서 피며 하나의 꽃자루가 촛대 같이 자라므로 홀아비꽃대라고 한다. 꽃은 흰색으로 위를 향해서 핀다. 혼자 사는 아버지처럼 줄기가 외대로 나와 가지 없이 쓸쓸히 서 있어서 붙여진 이름이다. 마치 어린 처녀가 한복쓰개를 쓰고 함초롬이 앉아있는 모습을 한 것처럼 보인다. 산 속 수림에서 발견된다.

다른이름 홀꽃대, 은연초, 등료화, 가세신, 분엽근

꽃 말 외로운 사람

홀아비바람꽃 **미나리아재비과의 여러해살이풀**

이 꽃은 주로 강원도에 분포되어 있으며 귀한 식물이어서 일반적으로 흔히 볼 수 없는 종류들이다. 특히 홀아비바람꽃같은 북방계 식물들은 특정지역에 한해서 자라는 경우가 많다. 홀아비바람꽃은 꽃대 하나에 하나의 꽃만 핀다고 하여 홀로 피는 바람꽃이라는 말로 '홀아비바람꽃'이라고 부른다. 한국특산식물로 멸종 위기종으로 분류되어 있다.

다른이름 조선은련화

꽃 말 사랑의 괴로움, 비밀의 사랑, 덧없는 사랑

갈퀴나물 | 개망초 | 개쉬땅나무 | 구릿대 | 까치수염 | 금꿩의다리 | 금불초 | 꼬리조팝 | 꿀풀 | 노루삼 | 노루오줌 | 누린내풀 | 눈개승마 | 닭의난초 | 닭의장풀 | 도꼬마리꽃 | 독말풀 | 동자꽃 | 둥근이질풀 | 마주송이풀 | 매발톱꽃 | 며느리밥풀 | 모싯대 | 무릇 | 물레나물 | 물봉선화 | 물옥잠 | 바위떡풀 | 바위취 | 반하 | 백당나무 | 뱀무 | 백부자 | 벌개미취 | 범부채 | 보풀 | 부처꽃 | 분홍바늘꽃 | 비비추 | 사위질빵 | 산부추 | 산솜방망이 | 산수국 | 산제비난초 | 서덜취 | 석잠풀 | 세잎종덩굴 | 송이풀 | 쇠채 | 술패랭이 | 어수리 | 엉겅퀴 | 영아자 | 용머리 | 우산나물 | 원추리 | 으아리 | 은꿩의다리 | 이질풀 | 인동 | 자주꽃방망이 | 잠자리난초 | 절굿대 | 제비동자꽃 | 중나리 | 쥐오줌풀 | 진범 | 짚신나물 | 참배암차즈기 | 초롱꽃 | 촛대승마 | 타래난초 | 털쥐손이 | 털진득찰 | 톱풀 | 큰제비고깔 | 하늘나리 | 함박꽃 | 호노루발 | 황금 | 흰진범

여름

갈퀴나물 콩과의 여러해살이풀

꽃은 6~9월에 핀다. 덩굴성 식물로 함께 엉켜서 자라는데 덩굴을 만드는 손이 갈퀴처럼 생겼다고 해서 붙혀진 이름이다. 초원이나 풀숲근처에서 자란다.

다른이름 녹두루미, 산완두, 갈키나물

꽃 말 말너울(말의 목부분에 나있는 털과 비슷해서)

개망초 국화과의 두해살이풀

북미대륙이 원산인 귀화식물이다. 꽃은 6~8월 사이에 들판 어느 곳에서나 볼 수 있다. 그만큼 우리나라 환경에 적응이 뛰어나다는 뜻이다. 개망초는 일제시대에 풀씨가 들어와서 퍼졌는지 유독 일제압정시대 때 많이 피었다고 한다. 나라가 망할 때 많이 핀다고 해서 조상들이 망할 망자를 넣어서 개망초라고 불렀다.

다른이름 왜풀, 개망풀, 넓은잎잔꽃풀, 일년봉, 야호, 비봉 등

꽃　말 화해

개쉬땅나무 장미과의 낙엽활엽 관목

산기슭 계곡이나 습지 등에 자생한다. 원 이름은 개쉬땅나무인데 어느 사이 누군가 '개'자를 떼어버리고 쉬땅나무라고도 부른다. 우리 지역에서는 계곡이나 숲 속에서 찾아볼 수가 있다.

다른이름 밥쉬나무

꽃 말 진중, 신중

구릿대 미나리과의 두해, 세해살이풀

꽃은 6~8월 사이에 백색으로 핀다. 키가 크며 꽃은 우산 모양의 꽃이 여러개 합쳐져서 하나의 꽃모양이 된다. 꽃송이를 싸서 안고 있는 포엽이 특이하다. 개울가나 풀숲근처에서 흔하게 볼 수 있다. 줄기가 구릿빛이 돌고 속이 비었으며, 대나무처럼 키가 크다하여 붙혀진 이름이다.

다른이름 백지, 대활, 구리대

꽃 말 천사

까치수염 앵초과의 여러해살이풀

꽃 모양이 마치 까치 목덜미의 흰 부분을 닮았다하여 붙여졌다. '까치수영'으로 표기되는 경우가 많아 같이 쓰고 있기도 한다. 6월 중순 시작해 7월까지 피어나는 이 꽃은 산과 들, 길가나 초원에서 주로 자라며 무리를 지어 피는 특성이 있다. 우리 지역에서는 초원, 밭주변 등에서 흔하게 찾아볼 수 있다.

다른이름 까치수영, 개꼬리풀, 진주채

꽃 말 잠든 별, 동심

금꿩의다리 미나리아재비과의 여러해살이풀

우리나라 특산식물로 꽃은 7~8월 사이에 개화한다. 금꿩의다리는 흔하게 볼 수 있는 꽃은 아니다. 연한 자줏빛을 띄는 것이 특징이며 피기 전 분홍색 풍선이 조롱조롱 매달려 있는 것 같다. 꿩의다리 종류는 모두가 줄기가 아주 가늘다는 공통점이 있다. 황색의 수술 때문에 금꿩의 다리 라는 이름이 붙었다. 우리 지역에서는 축축하고 습기가 많은 계곡근처나 물가에 많이 분포한다.

다른이름 금가락풀

꽃 말 섬세한 아름다움

금불초 국화과의 여러해살이풀

황색의 꽃이 7~9월 사이에 산과 들의 약간 습한 곳이나 풀밭에서 핀다. 꽃 색이 노란색의 황금 같다고 하여 금불초라고 한다. 여름에 피는 국화(하국)라고도 하며 유월초라는 이름도 가지고 있다. 우리 지역에서는 초원이나 반 그늘의 수림 등에서 나타난다.

다른이름 들국화, 금잔화, 하국, 옷풀, 금비초

꽃 말 맑게 한다

꼬리조팝 장미과의 낙엽관목

연한 붉은색 꽃이 줄기 끝에 핀다. 꼬리조팝나무는 조팝나무와 친척지간이지만 유난히 꼬리모양의 꽃이 아름다워 꼬리라는 이름이 추가되었다. 꼬리조팝나무는 꽃색이 아름다울 뿐만 아니라 향기도 뛰어나다. 꽃은 7~8월경 피는데 습기가 많은 곳에서 핀다. 우리 지역도 물웅덩이 근처나 개울가에서는 어김없이 분홍빛 꼬리조팝나무가 꼬리를 치며 유혹한다.

다른이름 진주화, 수선국

꽃 말 환희, 소녀의 꿈입니다

꿀풀 꿀풀과의 여러해살이풀

산기슭의 양지쪽에서 무리를 지어서 핀다. 개화기는 5월에서 7월 사이이지만 여름이 깊어지면 더 이상 꽃은 피지 않는다. 꿀풀은 말 그대로 꿀이 많다. 꽃 하나하나에 꿀이 가득 차 있어 많은 곤충들이 달려든다. 일찍 시든다고 하여 화하고초(花夏枯草)라고도 한다. 초원지대 양지바른 산언덕 부근에서 자생한다.

다른이름 꿀방망이, 가지래기꽃, 가지골나물, 제비풀, 석구, 하고초

꽃 말 추억

노루삼 미나리아재비과의 여러해살이풀

산지의 나무 그늘에서 핀다. 꽃은 흰색으로 6월에 핀다. 산지 풀숲에 노루삼이 피면 멀리서 보아도 알 수가 있다. 긴 꽃줄기 끝에 마치 병 닦는 솔 모양을 한 꽃이 뭉치로 피어나기 때문이다. 너무 많이 닦아서 자루가 휘어져있다.

다른이름 유엽승마

꽃 말 신중, 허세부리지 않음

노루오줌 범의귀과의 여러해살이풀

산지의 습한 곳에서 잘 자라며 특히 물가에 많다. 갈색 털이 나 있으며 분홍색의 꽃이 한여름에 핀다. 노루가 물 마시러 왔다가 오줌을 많이 싸고 간 자리에서 핀다고 하는데 뿌리에서 역겨운 냄새가 풍겨 그 냄새가 노루오줌 같다고 붙여진 이름이다. 축축하고 습기있는 골짜기에서 만날 수 있다.

다른이름 금모삼칠(金毛三七), 호마(虎麻), 홍두우(紅頭牛)

꽃 말 정열, 연정

누린내풀 마편초과의 여러해살이풀

꽃은 연한 보라색으로 습기 있는 초원에서 7~9월 사이에 핀다. 활짝 벌어진 다섯 개의 꽃잎 위에 마치 어사화의 영광스러운 꽃처럼 길게 빠져나와 있는 꽃술이 특이한 이 꽃은, 건드리면 누린내 비슷한 악취가 풍겨 사람들의 미간을 찌푸리게하여 '누린내풀'이라는 이름을 얻었다.

다른이름 어사화, 노린재풀, 난향초, 산박하, 마호

꽃 말 나의 이름을 기억하세요

눈개승마 **장미과의 여러해살이풀**

누워있는 개승마라는 의미에서 눈개승마라고 한다. 꽃이 활짝 피었을 때 멀리서 보면 마치 밤꽃이 핀 것 같은 느낌이 든다. 또 어찌 보면 큰 별무리가 있는 것과 비슷하다. 꽃은 노란빛이 도는 흰색으로 5월경부터 7월까지 핀다. 깊은 산 숲 속에서 발견된다.

다른이름 삼나물(울릉도), 눈산승마(북한)

꽃 말 산양의 수염

닭의난초 **난초과의 여러해살이풀**

닭의 난초는 습지에서 잘 자란다. 꽃은 6~7월에 피고 황갈색이며 닭의난초라고 하는 이유는 꽃색이 토종닭을 닮아서, 또는 설판이 닭의 입을 닮아서 지었다는 설이 있다. 실제 닭의난초가 피어있는 모습을 유심히 살펴보면 토종닭이 부리를 벌리고 덤벼드는 듯한 인상을 준다. 개체수가 흔하지 않으며 보호해야할 종이다. 우리 지역의 습지지역에서 무리로 피는 아름다운 꽃이나 최근 개체수가 급감하고있다.

다른이름 닭의란

꽃 말 청초한 아름다움, 절개, 숲 속의 요정

닭의장풀 **닭의장풀과에 속하는 한해살이풀**

여름 내내 풀숲 근처에서 파랗고 조그마한 꽃이 피는데 닭장 근처에 많이 핀다고 하여 닭의장풀이라고 하며, 꽃 모양이 닭의 벼슬 같다고 하여 생긴 이름이다. 잡초라고 하여 뽑아버리면 땅에 접촉된 마디에서 다시 뿌리가 나와 사는 생명력 끈질긴 풀이다. 우리 지역에서는 흔하게 발견된다.

다른이름 압식초, 수부초, 로초, 람화초, 달개비, 닭의밑씻개, 닭의꼬꼬

꽃 말 짧았던 즐거움, 그리운 사이

도꼬마리꽃 장미과의 두해살이풀

꽃은 8~9월에 핀다. 열매를 따서 던지면 옷에 착 달라붙기 때문에 어릴 때 병정놀이를 할 때 많이 가지고 놀았다. 도꼬마리 열매의 말린 모습에서 오늘날 쓰는 찍찍이 아이디어를 얻었다고 한다. 길가나 풀숲에서 흔하게 발견되는 풀이다.

다른이름 뙤꼬마리, 창이자

꽃 말 고집

독말풀 가지과의 한해살이풀

꽃은 6~7월에 백색으로 피며 나팔꽃 비슷하다. 열대아시아 원산 귀화식물이다. 불교에서는 부처님이 출현할 때 쏟아지는 환상적인 하얀꽃이라는 의미로 만다라꽃이라고 한다. 말 그대로 맹독성이다.

다른이름 다투라잎, 백만다라, 만다라

꽃 말 거짓, 애교

동자꽃 석죽과의 여러해살이풀

개화기는 6~8월 사이이며 다년생 초본이며 깊은 산 초원에서 자란다. 소박한 듯 숨겨진 화려함이 돋보이고, 평범한 듯하지만 곳곳에 많은 매력을 감춘 동자꽃은 동자승에 얽힌 전설로도 유명하다. 습기가 많은 수림근처나 고산지대의 초원에서 자생한다.

다른이름 전추라화(剪秋羅花 : 눈붓꽃)

꽃 말 기다림, 정열

둥근이질풀 쥐손이풀과의 여러해살이풀

이질 치료하는데 쓰이는 약초라서 붙여진 이름이다. 6~8월에 피는 붉은 보라색 꽃으로서 높은 산 초원에 가면 마치 덩굴식물처럼 여기저기 꽃을 무더기로 피운다. 진분홍꽃이 푸른 초원 여기저기 피어있는 모습은 장관이다.

다른이름 노관초, 둥근쥐손이, 긴이질풀, 참이질풀

꽃 말 새색시

마주송이풀 현삼과의 여러해살이풀

꽃은 8~9월에 붉은 자주색과 흰색이 핀다. 줄기가 곧게 서고 잎이 마주나는 것이 특징이다. 마주송이풀은 꽃의 모양이 특이하다. 어릴 때 종이로 바람개비를 접어 수수대 끝에 바늘로 찔러 막 뛰어다니며 돌리던 바람개비를 닮았다. 고산지대의 초원지대 발견되며 보호해야할 우리 꽃이다.

다른이름 마주송이, 대엽마선호

꽃 말 청담

매발톱꽃 미나리아재비과의 여러해살이풀

햇빛이 잘 쬐는 계곡에서 자라며 꽃은 6~8월 사이에 피는데 붉은 갈색이다. 꽃은 아래로 향해 피는데 꽃잎 뒤쪽에 '꽃뿔'이라고 하는 꿀주머니가 있다. 매의 발톱처럼 안으로 굽은 모양이어서 매발톱꽃이라는 이름이 붙여졌다. 깊은 산 숲 속, 초원에서 발견된다.

다른이름 매발톱, 누두채(漏斗菜)

꽃 말 미덕, 결백, 어리석음, 품행이 부정하다, 근심, 솔직, 순진, 승리의 맹세, 우둔

며느리밥풀 현삼과의 한해살이풀

7~8월 사이에 숲 속에서 피어나는데 워낙 줄기가 가늘고 땅에 붙어 있어서 잘 살펴보아야 한다. 시어머니와 며느리 사이의 슬픈 전설이 있다. 이 꽃은 줄기가 가늘고 수줍음을 잘 타기 때문에 다른 나무나 풀에 숨어서 고개를 숙이고 핀다. 길가 풀숲에서 고개를 숙이고 찾아보아야 한다.

다른이름 새애기풀, 꽃새애기풀

꽃 말 여인의 한

모싯대 초롱꽃과의 여러해살이풀

꽃은 8~9월에 피고 자줏빛이며 종처럼 생긴 꽃이다. 산죽 사이나 숲 속 초원 사이에서 올라와서 피어있다. 동강유역에서는 높은 산 초원 위에서 피는데 모싯대가 산죽사이에 피어있는 것을 보면 마음도 시원해짐을 느낀다.

다른이름 모시대, 모시나물, 게로기

꽃 말 모성애, 영원한 사랑, 진솔한 마음

무릇 백합과의 여러해살이풀

무릇의 옛말은 물웃이다. 즉 물기가 많은 곳이나 가장자리에서 잘 자라기 때문에 붙혀진 이름이다. 개화기는 7~9월이며 꽃은 연분홍색꽃이 기다란 꽃대에 마치 별처럼 피어난다. 밭 가장자리나 야산 등에 무더기로 한여름에 꽃을 피운다. 우리 지역에서는 아주 더운 한여름에 뚝 위나 묘지, 초원에서 무리로 핀다.

다른이름 야자고, 천산야자고, 물고리, 물구

꽃 말 이루지 못할 사랑

물레나물 **물레나물과에 속하는 여러해살이풀**

6~8월에 큰 노란색 꽃잎이 바람개비 모양으로 피는데, 마주송이와 꽃 모양이 흡사하다. 꽃은 비교적 크고 특이하다. 전국의 산이나 초원에서 흔히 볼 수 있으나, 군락을 이루지 않고 한두 송이씩 띄엄띄엄 자란다. 우리 지역에서는 초원의 풀숲에서 발견된다.

다른이름 금사호접(노랑나비를 닮아서), 한연초, 소연교, 황해당, 금사호접, 연교, 양풍초, 매대채 등

꽃 말 님을 향한 일편단심, 추억, 왕 나비

물봉선화 봉선화과의 한해살이풀

물봉선화는 습기를 좋아하여 축축한 곳, 계곡 근처, 개울 근처 등에서 핀다. 꽃은 8~9월의 여름철에 꽃은 아래로 피며 꽃 모양은 마치 광대가 쓰는 고깔을 옆으로 매달아 놓은 듯하다. 끝은 돌돌 말려있는데 그곳에 꿀이 있어 많은 벌들이 깊숙이 들어가 꿀을 빤다. 산골짜기 냇가나 습지, 물이 나는 곳에서 많이 자란다.

다른이름 야봉선, 물봉숭

꽃 말 나를 건드리지 마세요

물옥잠 물옥잠과의 한해살이풀

논과 늪의 물 속에서 자란다. 꽃은 7~9월에 피는데 자주색으로 핀다. 논이나 습지에서 자생하는데 줄기 속이 스펀지 구조와 비슷하여 줄기가 약하다. 여름에 논의 벼줄기 사이에서 꽃이 핀다. 우리 지역에서도 논 가운데서 볼 수 있다.

다른이름 우구화(雨久花)

꽃 말 변하기 쉬운 사랑의 슬픔

바위떡풀 범의 귀과에 속하는 여러해살이풀

습기가 많은 표면에 붙어서 자라기 때문에 붙여진 이름이다. 개화기는 7~8월이며 꽃 색은 흰색 또는 흰빛을 띤 붉은 색이다. 다섯 개의 꽃잎 중 하나만 길게 늘어진 모습이 특이하게 생겼다. 꽃이 워낙 작아 자세히 살피면서 가지 않으면 좀처럼 눈에 띄지 않는다. 울창한 수림 계곡의 바위에 붙어서 식생하며 잎은 바위취를 닮았다. 우리 지역에서는 이끼가 잘 자랄 수 있는 조건을 가진 축축한 계곡에 자생한다.

다른이름 광엽복특호이초(光葉福特虎耳草)

꽃 말 우리의 우정 변치말자

바위취 범의귀과의 상록성 여러해살이풀

그늘지고 축축한 땅에서 잘 자란다. 전체로 붉은빛을 띤 갈색 털이 길고 빽빽이 난다. 꽃은 흰색으로 5월에 피며 아래쪽에 수염 같은 꽃이 두 개가 길게 나와 피는데 대(大)문자 국이라고도 한다. 잎이 아름다워 집에서 관상으로 길러도 좋다. 추위에 매우 강해서 다른 잎이 다 져버린 한겨울에도 보송보송한 털을 덮고 바위틈에 웅크리고 있다. 우리 지역에서는 축축한 물가나 숲 속에서 발견된다.

▲ 바위취(붉은색)

다른이름 호이초(虎耳草), 범의귀, 왜호이초, 등이초(橙耳草), 석하엽(石荷葉)

꽃 말 절실한 사랑

반하 천남성과의 여러해살이풀

반하는 6~7월경 꽃이 피는데 꽃의 모양이 특이하게 생겼다. 연한 녹색, 가운데는 검정색, 암청색으로 꽃 끝에 뽀족히 솟아있는 꽃술이 마치 창 같기도 하고, 뱀의 혀 같기도 하다. 여름이 한창일 때 꽃이 시든다고 해서 반하(半夏)라고 한다. 우리 지역에서는 풀밭 사이에 피지만 녹색꽃이어서 눈을 크게 뜨고 찾아야 한다.

다른이름 반히, 끼무릇, 메누리목쟁이, 꿩의무릇

꽃 말 덕, 미덕, 순진한 마음, 다시 사랑, 온정

백당나무 인동과의낙엽관목

꽃은 5~6월에 줄기 끝에서 꽃차례 한가운데에는 암술과 수술을 모두 갖춘 꽃(有性花)이 핀다. 중성화(中性花 : 암술과 수술이 모두 없는 꽃, 헛꽃)가 꽃 주변에 핀다. 모든 꽃이 중성화로만 이루어진 품종을 불두화(V. sargentii for sterile)라고 하며 절에서 흔히 심고 있다. 비슷한 나무로는 분단나무가 있는데 분단나무잎은 둥근 모양을 하고 있다. 산지 수림속에서 발견된다.

다른이름 목수국(木水菊), 백당수국

꽃 말 마음

뱀무 장미과의 여러해살이풀

양지바른 산야에서 자라며 6월에 노란색 꽃이 피는데 줄기 밑에 달리는 잎의 생김새가 무잎처럼 생겨 뱀무라고 한다. 꽃이름에 접두어 「뱀」자가 붙어있으면 뱀과 관련이 있거나 품질이 낮고 모양이 다른 것에 붙는다. 꽃이 사람의 귀에 들어가면 귀가 들리지 않게 된다고 해 '귀머거리풀'이라 부르기도 한다.

다른이름 수매양(약명), 일본수매양, 귀머거리풀

꽃 말 만족된 사랑

백부자 미나리아재비과의 여러해살이풀

초오(草烏)꽃 식물들은 대개 하늘색이나 보라색이지만 백부자는 노란색을 띤 투구모양의 꽃이 핀다. 땅속덩이뿌리를 백부자라고 하는데 약용으로 이용된다. 과거에는 흔히 볼 수 있는 식물이었지만 요즘은 개체수가 감소하여 환경부 지정 멸종위기 식물로 지정되어 있다. 동강주변 풀숲에서 여름에 드물게 발견된다.

다른이름 노랑돌쩌귀, 흰바꽃

꽃 말 아름답게 빛나다

벌개미취 국화과의 여러해살이풀

벌개미취는 햇볕이 잘 들고 습지나 계곡 주변 물이 많은 곳에서 자생하며 6~10월에 꽃이 핀다. 벌개미취의 지하부 뿌리가 대단히 왕성하므로 노출된 절개사면, 척박지 등에 식재하며 토양고정 능력이 뛰어나 토사유출 방지 효과가 뛰어나기 때문에 지피식물로 심기도 하고 학교 화단이나 도로변 꽃길 장식으로 식재도 한다. 한국 특산식물이다.

다른이름 벌개미취

꽃 말 추억, 너를 잊지 않으리, 추상

범부채 붓꽃과의 여러해살이풀

꽃은 7~8월에 피며 황적색 꽃잎에 호랑이 무늬와 비슷한 짙은 반점이 있으며, 잎의 모양이 마치 접이부채를 절반 쯤 펴 놓은 것 같이 생겨서 범부채 또는 범의부채라고 한다. 요즘 화단에 원예종으로 심기 때문에 쉽게 볼 수 있다.

다른이름 사간붓꽃, 사간, 편죽란, 범의부채 등

꽃 말 정성어린 사랑

보풀 택사과의 여러해살이풀

보풀은 물가에 자란다. 수생식물이라고 할 정도로 논 가운데서 피기도 한다. 꽃은 7~9월에 피는데 흰색 꽃이 순백으로 피어 너무 아름답다. 유독성 식물이다.

다른이름 장엽택사

꽃 말 신뢰

부처꽃 부처꽃과의 여러해살이풀

초원의 습기가 많은 곳 또는 물가에서 자란다. 7~8월에 붉은 분홍색 꽃이 핀다. 음력 7월 15일 백중날 이 꽃을 불단에 바쳐서 부처꽃이라는 이름을 얻었다. 우리 지역에서는 동강 주변 풀밭이나 지류의 물가에서 자주 볼 수 있다.

다른이름 천굴채, 두렁꽃

꽃 말 님을 위하여, 비련, 슬픈 사랑

분홍바늘꽃 바늘꽃과의 여러해살이풀

높이 1.5m의 높이에 꽃은 7~8월에 분홍색 꽃이 피는데 씨방이 바늘처럼 아주 길게 발달하기 때문에 이름에 바늘이란 말이 들어갔다. 우리나라에서는 희귀식물의 범주에 든다. 숲이나 잡목림에 불이 난 뒤 가장 먼저 나타나는 식물 중의 하나이며, 기계로 벌채한 관목 숲이나 삼림지대를 재빨리 덮어버린다. 우리 지역에서는 높은산 개활지에서 이 꽃을 볼 수 있다.

다른이름 두메바늘꽃, 큰바늘꽃

꽃 말 환영

비비추 백합과의 여러해살이풀

계곡이나 습지 부근에서 잘 자라며 7~8월에 개화한다. 잎의 모양이 예쁘고 자생력이 강해서 관상용으로 심어져 이제는 도시의 가로 조경용이나 집의 화단에 심는 익숙한 꽃이다. 우리 지역의 길가나 산자락에 곱게 피어난다.

다른이름 장병옥잠(長柄玉簪), 장병백합(長柄百合), 옥잠화

꽃 말 고독, 침착, 추억

사위질빵 미나리아재비과의 여러해살이 식물

꽃은 7~8월에 흰색으로 피는데 으아리꽃과 비슷하다. 으아리꽃은 꽃잎이 크고 4장 정도지만 사위질빵은 꽃잎이 여러 개로 갈라져 있다. 장모님이 사위는 힘들지 말라고 툭툭 잘 끊어지는 사위질빵 덩굴로 짐을 지게 했고, 자신의 짐은 보다 더 질긴 할미질빵 덩굴로 지었다는 전설이 있다. 산지 근처 숲 속에서 볼 수 있다.

다른이름 질빵풀

꽃 말 비웃음

산부추 백합과의 여러해살이풀

양지바른 야산 또는 초원에서 주로 자생하는데 8~9월에 연보라 또는 연분홍색의 꽃이 꽃줄기 끝에 우산이 펴진 모습으로 핀다. 잎과 줄기를 문지르거나 잘라보면 마늘 냄새가 나고 잎의 모양이 부추 같이 생겨서 붙여진 이름이다.

다른이름 산달래, 맹산부추, 참산부추, 왕정구지

꽃 말 무한한 슬픔(부추)

산솜방망이 국화과의 여러해살이풀

꽃은 높은 산 초원에서 7~8월에 황적색으로 핀다. 특히 강원도에서 많이 자생한다. '산'자가 들어가면 높은 산을 뜻한다. 꽃아래 줄기와 잎이 거미줄 같은 흰털로 덮여 있어서 '솜방망이'라는 이름을 얻었다. 우리 지역에서는 높은 산 숲 속에서 발견된다.

다른이름 홍륜천리광, 두메쑥방망이

꽃 말 그리움

산수국 범의귀과 여러해살이풀

수국은 장마철에 피며, 축축한 곳에서 잘 자란다. 토양에 따라 색을 달리하는 꽃이다. 이렇게 꽃잎의 변화가 심한 이유는 토양의 산도 때문이다. 토양이 중성이면 흰색이지만, 산성이면 청색으로, 알칼리성이면 분홍색으로 변한다. 산수국은 꽃의 여러 가지 색과 곤충을 유인하기 위해 가장자리에 피어 있는 무성화로 유명하다.

다른이름 거치엽수구, 탐라산수국

꽃 말 백색은 변하기 쉬운 마음, 하늘색은 냉담, 분홍색은 소녀의 꿈이다.

▲산수국 열매

산제비난초 난초과의 여러해살이풀

꽃은 흰색의 녹색으로 6~8월에 피는데, 산지의 수림 속에서 자란다. 특히 꽃이 핀 모습은 날렵하게 공중제비를 하는 제비와 닮았다. 또 꽃의 향기가 너무 좋아 이 꽃이 핀 주변에 가면 향기가 진동한다. 산지 소나무 숲 속의 햇빛이 잘 드는 장소에 한 그루 또는 두 그루가 드문드문 서있다.

다른이름 제비난

꽃 말 정겨움

서덜취 국화과의 여러해살이풀

꽃은 7~10월에 연자줏빛 꽃이 줄기 끝에 피며 잎은 식용한다. 깊은 산에 자생하지만 흔치 않다. 꽃을 감싸고 있는 포엽에 가시가 돋아있는 모습이 이채롭다. 잎은 날로 먹어도 좋고, 묵나물로 먹어도 좋다.

다른이름 없음

꽃 말 나를 보호해주세요

석잠풀 꿀풀과의 여러해살이풀

산과 들의 습지에서 잘 자란다. 특히 강 주변에 많다. 꽃은 6~9월에 연한 붉은 색으로 피는데 안쪽에 호랑이 같은 얼룩무늬가 있고 가지와 줄기 윗부분의 마디마다 층층이 돌려난다. 동강주변 풀숲에서 여름에 흔히 볼 수가 있다.

다른이름 석잠, 수소, 망강청, 모서미속

꽃 말 설원의 여인

세잎종덩굴 **미나리아재비과의 낙엽활엽 덩굴류**

7~8월경 개화하며, 붉은 색의 꽃이 줄기 끝에서 한 송이씩 핀다. 덩굴식물이긴 하지만 다른 나무에 기대어 산다. 잎이 세 개가 있어 얻은 이름이다. 꽃이 수정이 되면 붉은 색 꽃잎은 떨어져 나가고 황금빛 술이 탁 터져서 전혀 다른 꽃 모양이 된다. 산지 풀숲 근처 약간 건조한 지역이나 밭가근처의 바위로 된 숲에서 발견된다.

다른이름 종덩굴, 삼엽소목통, 조선철선연

꽃 말 정의

▲세잎종덩굴 씨방

송이풀 현삼과의 반기생 한해살이풀

깊은 산 숲 속에서 자생하며 꽃은 8~9월에 피고 분홍빛이다. 긴 꽃대 중간에서 2송이씩 꽃이 피는데 분홍색 가운데 흰색의 쌀알이 박힌 것 같은 모양의 꽃이 핀다. 혹자는 며느리밥풀꽃으로 착각하기도 한다. 우리 지역에서는 개체가 많지는 않지만 흰색도 간혹 발견된다.

다른이름 마뇨소(馬尿燒)

꽃 말 욕심, 청담

쇠채 국화과의 여러해살이풀

꽃은 노란색으로 7~8월에 산기슭 초원지대나 밭가 풀밭에서 핀다. 줄기에 상처를 내면 유액이 나오며, 흰 털로 덮여 있고 가지가 많이 갈라진다.

다른이름 미역꽃

꽃 말 건강한 삶

술패랭이 석죽과의 여러해살이풀

꽃은 7~8월에 연한 분홍색의 꽃이 피며 꽃잎 끝이 마치 하늘타리꽃처럼 술이 갈라져 있어 붙여진 이름이다. 산과 들에 주로 분포하는데, 패랭이꽃과 같은 종류이다.

다른이름 수패랭이꽃

꽃 말 순애, 거절, 재능

어수리 미나리과의 여러해살이풀

꽃은 7~8월에 우산 같은 흰꽃이 핀다. 멀리서도 보일뿐 아니라, 큰 키로 서서 호령하는 듯한 당당한 모습이지 어리바리한 '어수리'는 아니다. 가운데 꽃은 작고, 가장자리로 갈수록 꽃이 커지는 특징이 있다. 어수리의 줄기는 속이 비어 있지만 꼿꼿하게 서서 자란다. 해발 700~900고지 높은 산의 습한 곳에서 많이 나는 나물로 맛과 향이 좋다. 옛날에는 임금님 수라상에도 올렸다.

다른이름 단모백지, 단모독활, 백지, 토당귀, 왕삼

꽃 말 구세주

엉겅퀴 국화과의 여러해살이풀

엉겅퀴는 6~8월에 피며 꽃은 적색이다. 흰색 엉겅퀴가 피기도 한다. 엉겅퀴의 꽃대 아래쪽에는 가시가 있으며 끈적끈적한 액이 나오는데, 때로는 이 액에 나비가 움직이지 못하기도 한다. 배추흰나비가 엉겅퀴에 가장 많이 몰려온다. 마을 어귀나 야산에서 흔하게 볼 수 있다.

다른이름 항가시, 항가새, 항가시나물, 야옹화, 홍람화, 소왕이, 소왱이, 소웽이(제주), 환갑구(전남 화순)

꽃 말 닿지 마세요, 건드리지 마세요, 고독한 사랑, 독립, 여인의 마음

영아자 초롱꽃과에 속하는 여러해살이풀

보라색의 꽃은 7~9월에 피며 줄기와 가지 끝에 총상(總狀)꽃차례를 이루며 핀다. 꽃은 꽃잎이 말리면서 아주 특별한 모습을 하고 있고, 말린 꽃잎사이로 긴 수술이 빠져나와 있어 고귀한 느낌을 준다.

다른이름 염아자, 여마자, 목근초

꽃 말 광녀

용머리 꿀풀과의 여러해살이풀

꽃은 6월에서 8월 사이에 피며 깊은 산속에서 자란다. 꽃 이름이 시사하듯 용머리는 꽃모양이 위와 아래로 갈라진 2장의 입술꽃잎이 상상의 동물인 용의 머리를 닮아서 얻은 이름이다. 꽃색은 자주색이며 흰색 용머리꽃도 있다. 끝부분에 2개가 쌍으로 피면 쌍용을 연상시킨다. 초원의 풀밭과 묘지 근처에서 자란다.

다른이름 용두, 청란

꽃 말 님을 기다리며, 승천

우산나물 국화과의 여러해살이풀

꽃은 6~9월에 핀다. 어릴 땐 접은 우산 같고, 크면 펼친 우산같다 하여 붙혀진 이름이다. 어린순은 나물로 먹는다. 숲 속 양지바른 곳 어디서나 자생한다. 토아산이란 이름은 어린 토끼가 쓰는 우산이란 뜻이다.

다른이름 토아산, 모두채, 산파초, 용두칠, 우산채, 우산초, 파양산

꽃 말 나를 보호해 주세요

원추리 백합과의 여러해살이풀

원추리꽃은 7~8월 사이에 개화하는데 꽃색은 주황색이다. 전국의 햇볕이 잘 드는 풀밭이나 산지의 양지에서 잘 자란다. 길가, 밭둑, 숲 가장자리나 볕이 새어 드는 나무 아래에서도 잘 견딘다. 옛날 삼년상 시묘살이 할 때 묘지근처에 심어놓고 꽃을 보며 근심 걱정까지 날려 보내는 꽃이라 하여 망우초(忘憂草)라 했다.

다른이름 넘나물, 망우초, 의남화, 모애초, 황화채, 화채

꽃 말 기다리는 마음, 매혹, 지성, 선고, 아양떨다, 교태

으아리 미나리아재비과의 여러해살이풀

꽃은 6~8월에 순백의 하얀색이 핀다. 덩굴을 감으며 자란다. 으아리 무리가 피면향기와 꽃이 너무 좋다. 비슷한 꽃으로 큰꽃으아리가 있는데 이것은 관상가치도 상당히 높다. 우리 지역에서는 꽃을 7월경에 쉽게 찾을 수 있다.

다른이름 고추나물, 선인초(仙人草), 마음가리나물

꽃　말 이루어 질 수 없는 사랑

은꿩의 다리 미나리아재비과의 여러해살이풀

산지 풀밭에서 자란다. 개화기는 7월에서 8월이며, 꽃은 약간 분홍색에서 흰색으로 바뀐다. 줄기의 모양이 꿩의 다리를 닮았다고 해서 꿩의 다리라는 이름이 붙었다. 잎 모양도 다른 풀에 비해서 아름답다. 우리 지역에서는 계곡물가, 수림 속에서 자주 발견된다.

다른이름 도수련, 은가락풀, 우정금, 아세아꿩의다리, 당송초

꽃 말 섬세한 아름다움

이질풀 쥐손이풀과(Geraniaceae)의 여러해살이풀

열매 껍질의 용수철같이 말리는 힘으로 씨를 멀리 퍼뜨릴 수 있다. 전국의 산야·초원·길가·밭둑 등에서 흔히 자라며, 예로부터 이질에 특효가 있다고 해 이질풀이라고 한다. 우리 지역에서는 풀숲이나 밭가 등에서 자주 발견된다.

다른이름 광지풀, 현초(玄草), 현지초(玄之草)라고도 함.

꽃 말 새색시

인동 인동과의 반상록 덩굴식물

인동은 6~7월경 개화한다. 향기가 좋으며 한줄기에 흰색과 노란색 꽃 두 종류가 피는 것이 아니고 처음 피었을 때는 흰색이었다가 점차 노란색으로 변하기 때문이다. 그 이유는 흰색 꽃이 수정되면 자신에게는 더 이상 줄게 없다고 벌 나비에게 신호를 보내고 노란색으로 변한 모습을 보인다고 한다. 겨울에도 줄기가 죽지 않을 뿐만 아니라 잎도 파란채로 남아있기 때문에 인동이란 이름을 얻었다. 양지바른 산기슭이나 초원에서 흔히 발견된다.

다른이름 인동덩굴, 인동넝쿨, 능박나무, 겨우살이 덩굴, 금은화꽃

꽃 말 사랑의 굴레, 사랑의 인연, 우애, 헌신적 사랑

자주꽃방망이 초롱꽃과의 여러해살이풀

꽃은 자주색으로 7~8월에 피는데, 원줄기 끝에 열 송이 정도가 모여 위를 향해서 달리고 윗부분의 엽액에도 달리며 종 모양이다. 꽃이 방망이처럼 생겼다. 가끔 사람들은 용담꽃과 혼동하기도 한다.

다른이름 꽃방망이, 취화풍령초

꽃 말 천사, 기도

잠자리난초 **난초과의 여러해살이풀**

개화기는 6~8월 사이이며, 습지에서 흰색의 꽃을 습지 초원에서 무더기로 핀다 . 꽃의 모양이 잠자리가 날개를 펴고 날아가는 모습을 하고 있다. 꽃이 아름다워 사람들의 손을 탈 우려가 있으므로 보호해야할 종이다. 일부 사람들은 유령을 닮아서 유령난이라고도 한다. 우리 지역에서는 습지에서 발견된다.

다른이름 선엽옥풍화, 잠자리란, 십자란, 큰잠자리란

꽃 말 석양

절굿대 절굿대의 여러해살이풀

양지쪽 풀밭에서 자라는데 높이 1m 내외이며 꽃은 7~8월에 피고 연한 보라색이다. 어린 동자승의 머리같기도 하지만 꽃이 핀 모습을 자세히 들여다보면 여러개 바람개비가 돌아가는 듯한 인상을 준다. 풀숲 근처에서 키가 큰 모습을 하고 서있다.

다른이름 개수리취, 절구대, 둥둥방망이, 분취아재비, 절구때

꽃 말 경계

제비동자꽃 석죽과의 여러해살이풀

꽃은 7~8월에 짙은 붉은색으로 피며, 꽃잎이 일반 동자꽃과는 달리 제비 꼬리처럼 날렵하게 갈라진 데서 붙여진 이름이다. 선홍색의 꽃과 녹색 잎이 조화를 이루어 매우 아름다워 보호해야될 종이다. 최근에는 원예용으로 많이 심고 있다.

다른이름 제비동자, 화씨전추라

꽃 말 기다림

중나리 백합과의 여러해살이풀

여름은 나리의 계절이다. 꽃은 7~8월 사이에 노란 색이 섞인 붉은 색의 나리꽃이 지천으로 피어난다. 땅을 보고 피면 땅나리, 하늘을 보고 피면 하늘나리, 옆을 보고 피면 말나리 그러면 중나리는 하늘과 땅의 중간 정도를 보고 피어서 중나리인가보다. 산지에서 흔하게 어디에서나 볼 수 있다.

다른이름 조선백합, 미백합, 텅중나리

꽃 말 순결, 존엄

쥐오줌풀 마타리과의 여러해살이풀

습기가 조금 많은 그늘진 곳에서 흔히 자라며 꽃은 5~8월경 연분홍의 조그만 꽃망울이 조롱조롱 달렸다가 꽃이 핀다. 꽃에서 지린내가 나서 쥐오줌풀이라고 한다. 뿌리줄기에서 향기가 난다. 우리 지역에서는 하천근처 또는 산지 기슭의 습기가 있는 곳에서 흔히 발견된다.

다른이름 길초, 길근초, 은대가리(꽃이 질때는 흰색으로 바뀌므로)

꽃 말 친절, 허풍장이

진범 미나리아재비과의 여러해살이풀

덩굴같이 가는다란 줄기 끝에 보라색 꽃이 달리는데 오리같이 생겼다. 줄기사이 사이에 꽃이 2~3송이 정도가 매달려있다. 꽃 주위에 하얀털이 뒤덮여 있다. 유독성 식물이므로 주의 해야 한다.

다른이름 오독도기, 마랍화, 망사초

꽃 말 용사의 모자

짚신나물 장미과의 여러해살이풀

풀밭이나 길가에서 자란다. 6~8월에 노란색이며 작은 꽃이 핀다. 이름이 짚신나물이 된 것은 그 갈고리털 때문이다. 짚신나물 꽃이 질 무렵 그 옆을 지나치면 갈고리털 덕택에 바지나 신발끈에 열매가 다닥다닥 붙게 되고, 옛날에 사람들이 신고 다녔던 짚신에는 훨씬 더 잘 붙었을 것이다. 그렇게 되면 사람들 발걸음이 닿는 곳이면 어디든지 자신의 씨앗이 퍼져나갈 수 있으니까 짚신나물은 그야말로 짚신 덕을 톡톡히 봤던 셈이다. 잘 살펴보면 짚신나물은 꼭 사람들이 잘 다니는 길 주변에서 주로 자란다는 것을 알 수 있다.

다른이름 광아, 자모초(子母草), 지동풍(地洞風), 지선초(地仙草) 등

꽃 말 감사

참배암차즈기 **꿀풀과의 여러해살이풀**

산지 숲 속에서 자라며 개화기는 7~9월이며 노란색의 꽃이 핀다. 꽃이 개화하면 마치 뱀이 입을 벌리고 달려드는 듯한 느낌을 주는 꽃이다. 포의 겨드랑이에 입술 모양의 꽃이 층층으로 나온다. 꽃부리는 크고 끝이 깊게 두 갈래로 갈라진다.

다른이름 산뱀배추, 단삼, 서미초, 여지초, 설견초

초롱꽃 초롱꽃과의 여러해살이풀

산지 숲 속이나 밭두렁 등에 자란다. 꽃은 흰색 또는 연한 홍자색으로 개화기는 5~8월사이이다. 초롱꽃은 옛날 밤길을 밝히기 위해 들고 다니던 초롱과 비슷하게 생긴 꽃이 가지 끝에 매달려 밑을 향해 피어 초롱꽃이라 불린다. 가늘고 길다란 줄기 끝에 환한 등불처럼 피어난 초롱꽃을 볼 때면 청사초롱이 생각난다. 옛날 어렸을적에 초롱꽃에 산딸기를 따가지고 쌈을 싸먹던 생각이 난다.

다른이름 자반풍령초(紫斑風鈴草), 풍령초, 종꽃

꽃 말 충실, 정의, 열성에 감복

촛대승마 마나리아재비과의 여러해살이풀

높은 산지 숲 밑의 음지에서 자라는데 꽃이 핀 모습이 촛대에 초가 꽂혀있는 모습이다. 꽃은 백색으로 7~8월에 피는데, 보통 줄기 끝에 빽빽히 많은 꽃을 핀다. 어린순을 나물로 먹기도 한다. 고산지대에서만 살기 때문에 쉽게 눈에 뛰지 않는 꽃이다. 축축하고 낙엽이 많이 쌓인 곳에서 가끔 보인다. 우리 지역에서도 해발고도가 높은 산지위에서 피는 모습을 발견할 수가 있다.

다른이름 외대승마, 초대승마, 승마

타래난초 난초과의 여러해살이풀

주로 잔디밭이 있는 풀밭이나 묘지 근처에서 잘 자란다. 높이는 10~40cm이다. 꽃은 5~8월에 연한 붉은색 또는 흰색으로 피고 나선 모양으로 꼬인 수상 꽃차례에 한쪽 옆으로 달린다. 타래난초는 꽃이 꽃대를 중심 삼아 실타래처럼 꼬이며 핀다하여 이름지어졌다. 묘지 근처나 초원에서 자주 발견된다. 흰 타래난초도 발견된다.

다른이름 타래란, 토양삼, 수초(綬草)

꽃 말 추억, 소녀

털쥐손이 **쥐손이풀과의 여러해살이풀**

높은 산 초원에서 자란다. 꽃은 6~7월 사이에 피는데 연한 자주색 꽃이 핀다. 털쥐손이는 수술대 밑에 긴 털이 있고 잎이 쥐손처럼 생겼기에 붙은 이름이다. 특히 돌출된 꽃술은 꽃과 조화되어 꽃을 더욱 아름답게 만든다. 꽃이 지고나면 씨방이 생기는데 씨방의 내용이 유럽의 어느 궁전에 설치된 샹들리에 촛대처럼 생겼다. 높은산 초원에서 볼 수 있다.

꽃 말 새색시

털진득찰 국화과의 한해살이풀

꽃은 8~9월에 핀다. 진득찰은 만지면 끈적거린다. 독사의 독도 제거하는 효능도 있다고 한다. 꽃이름처럼 진득진득하고 잘 달라붙는다.

다른이름 희첨

꽃 말 신비, 요술

톱풀 국화과의 여러해살이풀

초원 및 길가 언덕이나 산기슭 초원에 자생하며 꽃은 7~10월에 홍색이나 백색으로 피며 직경 7~9mm정도의 아주 작은 꽃이다. 톱풀은 작은 꽃이긴 하지만 생긴 모습이 매우 아름답다. 특히 잎을 보면 꼭 톱날같이 생겨서 얻은 이름이다.

다른이름 시초, 우의초, 거치초, 가새풀, 배암새, 산톱풀, 가새나물, 거초

꽃 말 가르침, 숨은 공적, 충실, 지도, 용감, 효능

큰제비고깔 미나리아재비과의 여러해살이풀

꽃은 7~9월에 피고 짙은 자주색, 보라색에 가깝다. 제비고깔은 꽃 모양이 아름다운데 꽃봉오리가 제비를 닮았다는 뜻이고, 제비를 닮은 꽃봉오리가 개화하면 고깔모양을 하여 제비 고깔 꽃이 된다. 산지 풀숲에서 자라며 습기가 있는 곳에 잘 자란다. 우리 지역에서도 풀숲 근처나 산지 주변에서 자생한다.

다른이름 고깔꽃

꽃 말 춤추는 여인

하늘나리 백합과의 여러해살이풀

말나리와 비슷하지만 꽃이 하늘을 보고 핀다. 개화기는 7~8월 사이이며 산지 숲 속에서 자홍색의 꽃을 피운다. 대개 다른 나리꽃은 땅을 보고 피는데 비해 하늘말나리는 하늘을 향해 한점 부끄럼 없다는 듯 꽃이 핀다. 대부분의 나리들이 번식이 잘 되기 때문에 집에서도 기르기 쉽고, 원예용으로도 가치가 있다.

다른이름 산단화(정선)

꽃 말 변치 않은 귀여움

함박꽃 목련과의 낙엽 활엽 소교목

5~6월에 흰색의 큰 꽃이 밑을 향해 피는데 일명 산목련이라고 불린다. 목련만큼이나 순백색의 아름다운 우리의 나무다. 마치 어린아이가 함박웃음을 웃는 모양으로 피어나기 때문에 함박꽃이라고 불린다. 또는 순백색의 꽃이 함박눈을 닮아서 그런 이름이 생겼는지도 모른다.

다른이름 개목련, 산목련

꽃 말 수줍음, 분노, 만남, 내성적

호노루발 노루발과의 여러해살이풀

꽃은 6~7월에 피고 흰색이며 노루발풀과 비슷하나 노루발에 비해 키가 좀더 작으며 꽃의 모양도 틀리다. 노루발풀은 꽃대에 여러 송이가 피지만 호노루발은 한 대에 한송이만 핀다. 꽃모양은 노루발풀이 꽃 안쪽에 길다란 정말 노루발같은 술이 빠져나오지만 호노루발은 그런 술이 없다. 소나무 숲 속에서 노루발풀이 피어있는 모습을 볼 수 있다.

다른이름 북노루발

황금 꿀풀과의 여러해살이풀

산지의 풀밭에서 자란다. 꽃은 7~8월에 보라색의 꽃이 피는데 잘못 보면 골무꽃으로 오해하기 쉽다. 꽃은 골무꽃과 아주 유사하지만 꽃이 피는 모습이 다르다.
양지 바른 곳에서 잘 자라며 최근 농가에서 약용으로 재배하기도 한다.

다른이름 속썩은풀, 골무꽃

꽃 말 고귀함

흰진범 미나리아재비과의 여러해살이풀

어느 주민이 저기 골짜기에 가보라고 한다, 왜요? 하고 물었더니 그곳에가면 줄기에 흰오리 몇 마리가 줄기에 붙어서 회의를 열고 있다고 한다. 그 이야기를 듣고 얼마나 웃었던지…. 그 꽃이 바로 흰진범이었다. 유독성 식물이다.

다른이름 백부자, 흰진교

꽃 말 용의 모자

가을

가는잎쑥부쟁이 | 각시취 | 쑥부쟁이 | 고려엉겅퀴 | 고마리 | 곰취꽃 | 구절초 | 누리장나무꽃 | 마타리 | 물매화 | 미역취 | 배초향 | 산국 | 산비장이꽃 | 산오이풀 | 삽주 | 솔체꽃 | 수리취 | 쓴풀 | 여뀌 | 오이풀 | 왕고들빼기 | 용담 | 참취 | 층층잔대 | 투구꽃

가는잎쑥부쟁이 국화과의 여러해살이풀

꽃은 8~9월에 피며 일반 쑥부쟁이보다는 꽃이 작으며, 잎도 가늘다. 무리로 피며 가을을 대표하는 꽃이다. 들판의 초원이나 숲 속에서 발견된다.

다른이름 가는 쑥부장이

꽃 말 그리움, 기다림

각시취 국화과의 두해살이풀

산지의 양지바른 풀밭에서 자란다. 개화기는 8월에서 10월 사이인데 보라색에서 연한 자줏빛과 분홍색까지, 비슷하지만 조금씩 다른 색들로 서로 어우러져 조화를 이뤄 아름답다. 어린아이 키만큼 큼직하게 자라므로 꽃이 필즈음 산에 가면 금방 찾을 수 있다. 보통 '취'라는 뜻은 나물채(菜)의 옛말이며, 이름 앞에 "각시"자가 붙은 식물은 가녀리고 연약하지만 각시취만은 튼튼하다. 꽃꽂이용으로도 훌륭하고, 다발로 꽃병에 꽂아도 아름답기만 하다.

다른이름 미화풍모국(美花風毛菊), 참솔나물

꽃 말 연정

쑥부쟁이 국화과의 여러해살이풀

개화기는 8~10월이다. 초원의 건조한 곳에서 잘 자라며 쑥부쟁이라는 이름은 쑥만 먹고 살았던 대장간집(불쟁이) 딸과 어느 귀공자와의 사랑에 관한 아름다운 전설이 있는 꽃이다. 쑥부쟁이류가 국내 총 18종이 분포하고 있다.

다른이름 산백국, 소설화(小雪花), 야백국, 들국화.

꽃 말 그리움, 기다림, 옛사랑, 순정

고려엉겅퀴 국화과의 여러해살이풀

꽃은 7~10월 사이에 핀다. 고려엉겅퀴는 우리나라에만 자생하는 엉겅퀴, 즉 '한국 특산식물'이다. 여러 이름 중에서 '곤드레나물'이라는 이름이 정겹게 들리는데, 최근 우리 지역에서는 곤드레나물로 지은 밥이 인기다.

다른이름 도깨비엉겅퀴, 고려가시나물, 곤드레나물

꽃 말 근엄, 독립, 권위, 닿지 마세요, 건드리지 마세요.

고마리 마디풀과의 한해살이풀

꽃은 8~9월에 연한분홍색 또는 흰색으로 핀다. 도랑가가 풀숲 근처에서 발견되는 흔한 꽃이다. 줄기는 모가 지며 털이 없고, 아래로 난 가시가 있다. 며느리밑씻개는 꽃 바로 밑에 잎이 없으며 가시가 땅쪽으로 향해 있다.

다른이름 고만이, 꼬마리

꽃 말 꿀의 원천

곰취꽃 국화과의 여러해살이풀

꽃은 7~9월에 노란색 꽃이 차례로 핀다. 곰이 동면에서 깨어나 제일 먼저 먹는다고 하여 곰취라고 한다. 쌉싸름한 향기는 여러 종류의 취나물 가운데 으뜸이며, 동의나물과 혼동해서는 절대 안된다. 동의나물은 독초이다. 깊은 산 숲 속에서 찾아볼 수 있다.

다른이름 마제엽, 산자완, 신엽고오

꽃 말 보물, 여인의 슬기

구절초 국화과 여러해살이풀

가을에 피는 들꽃의 대표라고도 할 수 있는 구절초는 5월 단오에는 줄기가 5마디가 되고, 9월 9일(음력)이 되면 9마디가 된다 하여 구절초(九節草)라 불린다. 꽃은 9~10월에 핀다. 보통 흰색이지만 붉은 빛이 조금 도는 것도 있다. 구절초 꽃으로 차를 끓이고, 술을 빚고, 꽃지짐을 부쳐 먹기도 했다. 소중한 약재로도 이용했다. 꽃을 잘 말려서 대나무 베개나 주머니 속에 나이 수대로 넣고 베면 장수한다는 말이 전해 오기도 한다. 가을이 깊어갈 때 동강 변 석회암 절벽에 가보면 너무 이쁜 구절초가 여러분을 기다리고 있다.

다른이름 선모초(仙母草)라 불리기도 하는데, 그것은 흰 꽃잎이 신선보다 더 돋보인다 하여 붙여진 명칭이다.

꽃 말 순수

누리장나무꽃 마편초과의 낙엽관목

꽃은 8~9월에 핀다. 잎과 줄기에서 역한 누린내가 꽃과 잎에서 번져 나오기 때문에 냄새나는 오동나무라고 하였고, 우리말로는 누리장나무라 한다. 물가의 습기많은 곳 비탈에서 많이 자란다.

다른이름 취오동, 개나무, 노나무, 구릿대 나무 등

꽃 말 친애, 깨끗한 사랑

마타리 마타리과의 여러해살이풀

황순원 님의 소나기에 이런 구절이 나온다.

「소녀가 산을 향해 달려갔다.
이번은 소년이 뒤따라 달리지 않았다.
그러고도 곧 소녀보다 더 많은 꽃을 꺾었다.
"이게 들국화, 이게 싸리꽃, 이게 도라지꽃……."
"도라지꽃이 이렇게 예쁜 줄은 몰랐네.
난 보랏빛이 좋아! ……
그런데, 이 양산 같이 생긴 노란 꽃이 뭐지?"
"마타리꽃."
소녀는 마타리꽃을 양산 받듯이 해 보인다.
약간 상기된 얼굴에 살포시 보조개를 떠올리며....」

산이나 들판 척박한 토양에서도 잘 자라는 마타리꽃은 가을꽃을 대표할 만큼 8~9월에 노란색의 꽃으로 피어나 마치 노란 양산을 펼쳐놓은 듯한 인상을 주는 꽃이다. 꽃의 생김새와는 반대로 뿌리에서는 수 십년 묵은 장 썩은 냄새가 난다하여 패장이라는 속명을 가지고 있다. 좋지 않은 냄새라는 옛말 '말'과 '다리'가 합쳐져 마타리가 되었다고 한다.

다른이름 패장

꽃 말 상냥함, 순진, 예측, 온정, 미인, 잴 수 없는 사랑

물매화 범의귀과로 여러해살이풀

마치 별을 바닥에 뿌려놓은 듯한 연한 미색의 꽃 무리. 꽃은 7~9월에 연한 노란색으로 피며 한줄기에 한 송이가 핀다. 볕이 잘 드는 습지에서 자라며, 줄기는 3~4개가 뭉쳐서 나고 곧게 선다. 마치 습지에 매화꽃이 피어나는 꽃 같은 모양을 하고 있다. 가을꽃 중에서 가장 품위가 있다.

다른이름 풀매화

꽃 말 고결, 결백, 청초, 충실 등

미역취 **국화과의 여러해살이풀**

산과 들의 볕이 잘 드는 풀밭에서 자란다. 꽃은 7~10월에 노란 색으로 피고 두상화(頭狀花:꽃대 끝에 꽃자루가 없는 작은 꽃이 많이 모여 피어 머리 모양을 이룬 꽃)모양으로 핀다. 어린순을 묵나물로 먹는데 어린순을 씹으면 미역맛이 나기 때문에 얻은 이름이다. 산지의 초원에서 볼 수 있다.

다른이름 일지황화, 두메미역취, 돼지나물이라고도 한다.

꽃 말 경계, 예방

배초향 꿀풀과의 한해살이풀

꽃이 향기가 좋아 밀원 식물로서 많은 곤충이 모여든다. 개화기는 7월에서 10월 사이이며, 자주색의 꽃이 차례로 핀다. 숲 가장자리나 들판에서 햇볕이 잘 드는 곳이면 척박하거나 비옥함을 가리지 않고 잘 자란다. 이 잎은 특이한 향이 있어서 음식을 만들 때 넣기도 한다. 배수가 잘되는 곳이면 더욱 좋은 식물이다. 자주색 꽃이 서리 내리는 초겨울까지도 꽃송이를 피워 올린다.

다른이름 방아, 방아잎, 방아풀, 방애, 어향 등

꽃 말 향수

산국 국화과의 여러해살이풀

늦은 가을 들판 산기슭에 무리로 피어 있는 작은 국화꽃 모양의 노란 산국을 만나면 향기에 취해버릴지도 모른다. 10월에 꽃을 말려서 술에 넣어 마시고, 어린잎은 나물로 쓴다. 꽃에 진한 향기가 있어 관상용으로도 가꾼다. 냄새가 너무 진해 늦은 가을 벌과 나비의 훌륭한 밀원이 된다. 비슷한 꽃으로 감국은 남쪽의 바닷가에 주로 분포하고, 중부지방 위로는 산국이 자생한다. 진한 향기가 풍겨오면 산국일 것이다.

다른이름 산국, 야국, 황국화

꽃 말 가을의 향기

산비장이꽃 국화과의 여러해살이풀

엉겅퀴는 주로 봄에 꽃이 피지만 산비장이는 가을(8~9월)에 핀다. 엉겅퀴에 비해 꽃이 더 크다. 조선시대 무관 중에 고을 원 호위를 하던 '비장'이 있는데 마치 비장이 키큰 모습으로 호위를 서던 모습과 비슷한 모습에서 유래되었다고는 하지만 확실하지는 않다. 햇빛이 잘들고 습한 곳에서 잘 큰다.

다른이름 조선마두화(朝鮮痲頭花)

꽃 말 추억, 내사랑이야

산오이풀 국화과의 여러해살이풀

꽃은 8~9월에 자줏빛 꽃이 피는데 강아지풀 비슷하다. '오이풀'은 잎에서 오이냄새가 나기에 붙은 이름인데, 꽃의 모양이 길죽한 것이 꼭 오리를 닮았다. 거기에 높은 산에서 자라서 '산오이풀'이란 이름을 붙였다.

다른이름 근엽지유(根葉地楡)

꽃 말 애교, 흔들린 생각

삽주 국화과의 여러해살이풀

봄에 어린 잎줄기를 나물로 먹으면 삽주나물이다. 꽃은 흰색으로 7~10월에 핀다. 뿌리는 약용으로 쓰인다. 짙은 녹색을 띈 타원형의 잎 가장자리에는 뾰족한 톱니가 나 있는데, 4~5장의 잎사귀가 받치고 있는 하얀 삽주꽃이 가을이라는 계절을 더욱 느끼게 해준다.

다른이름 삽주뿌리, 창출

꽃 말 나를 받쳐주세요

솔체꽃 산토끼꽃과의 두해살이풀

꽃은 7~9월 사이에 핀다. 체꽃 중에서 잎이 가늘어서 붙여진 이름이다. 서양의 전설에 의하면 양치기 소년이 사는 마을에 전염병이 돌았고, 소년이 약초를 구하려고 산에 갔다가 예쁜 요정이 약초를 먹여 목숨을 구하고, 마을사람들도 병을 다 낫게하지만 소년은 다른 여자와 결혼하여 슬퍼하던 요정이 죽었고 신은 요정을 예쁜꽃으로 다시 피어나게 했는데 이 꽃이 바로 솔체꽃이다.

다른이름 만색산라복

꽃 말 이루어질 수 없는 사랑.

수리취 국화과의 여러해살이풀

산지의 양지에서 자란다. 자줏빛 꽃은 9~10월에 피고 두화(頭花)가 원줄기 끝이나 가지 끝에서 옆을 향하여 달린다. 어린잎을 떡에 넣어 먹는데, 단오의 절식(節食)인 수리취절편이 유명하다. 연한 잎을 떡에 섞어서 먹고 성숙한 잎은 말려서 부싯깃(부싯돌의 쳐서 불을 만들 때 쓰던 재료)으로 한다. 꽃 모양은 굉장히 특이하다. 마치 머리 말릴 때 쓰는 드라이기계 같기도 하고, 또는 핸드스피커와 비슷하다.

다른이름 떡취·산우방(山牛蒡)·개취라고도 한다.

꽃 말 장승

쓴풀 용담과의 두해살이풀

산과 들의 양지쪽에서 자란다. 꽃은 9~10월에 피고 자주색이며 흰색이 나타나기도 한다. 가을 물매화가 필 무렵이면 산기슭에서 많이 볼 수 있다. 높이 10~20cm 정도이며 줄기를 자르면 하얀 유액이 나오는데 그 맛이 매우 쓰다. 그래서 쓴풀이라 불린다. 가을 들판에 가면 오히려 더 별꽃 같은 꽃이 자주색과 흰색별로 피어있다. 야산지에 가면 수시로 만날 수 있으며 특히 추석을 전후로 많이 핀다.

다른이름 쓴풀, 어담초, 장아채, 수황연, 당약 등

꽃 말 지각

여뀌 마디풀과에 속하는 한해살이풀

농촌의 집 근처나 길가, 밭가에서 가을에 흔히 볼 수 있는 시골의 풀이다. 습지 또는 냇가에서 자란다. 꽃은 6~9월에 핀다. 잎은 매운맛이 있으며, 일본에서는 싹이 튼 여뀌를 생선요리에 쓴다. 민간에서는 이것을 짓찧어 물고기를 잡을 때에 이용하기도 한다.

다른이름 수료(水蓼)·택료(澤蓼)·천료(川蓼)라고도 한다.

꽃 말 학업의 마침

오이풀 장미과의 여러해살이풀

개화기는 7~9월 사이이며 가지 끝에 붉은 모양의 마치 산뽕나무 열매처럼 생긴 자주색꽃이 긴 꽃자루 끝에서 둥글게 뭉쳐서 핀다. 대개의 꽃들이 아래서부터 위로 피어 올라가지만 오이풀은 위에서부터 피는 것이 특징이다. 잎을 뜯어서 코에 대어보면 진짜 오이보다 오이냄새가 더 진하게 나는 이 풀이 바로 오이풀이다. 오이풀은 화상에 최고의 명약이다.

다른이름 지아, 지유자, 산홍조, 황과향, 산지과, 지유근, 수박풀, 외순나물

꽃 말 존경, 당신을 사모합니다

왕고들빼기 국화과의 한두해살이풀

들에서 자란다. 높이 1~2m이 상처에서 흰 유액(乳液)이 나온다. 꽃은 7~10월에 피고 노란색이다. 들판이나 묵은 밭에서 잘 자라는 왕고들빼기는 수애라고도 하며 야채대용으로 많이 먹었다. 여름 수애한다발을 잘라 놓고 쌈을 싸먹기도하고, 또는 비빔밥 야채용으로 비벼먹기도 하였다. 왕고들빼기의 맛은 쓰지만 소화에 대단히 좋고, 흰 우유빛 진액은 사람의 위벽을 감싸 몸에 이롭다고 한다. 요즘은 채소대용으로 밭에 재배하는 곳도 있다. 동강유역에서는 흔히 볼 수 있는 식물이다.

다른이름 수애똥, 방가지똥 등

꽃 말 모정

용담 용담과의 여러해살이풀

용담꽃은 가을에 종 모양을 한 진한 파란 색 꽃이 8~10월에 핀다. 꽃이 깊어 곤충의 보금자리로 이용되기도 한다. 우리나라의 산이나 들에 흔히 자란다. 뿌리가 약으로 이용된다.

다른이름 초룡담, 과남풀, 관음풀, 백근초, 담초, 고담 등의 여러 이름이 있다.

꽃 말 진감래, 정의, 애수, 긴 추억, 슬퍼하고 있는 당신이 좋아

참취 국화과의 여러해살이풀

흰색의 꽃이 7~10월 사이에 핀다. 참취는 양지쪽의 반그늘 지역에서 많이 분포하며, 특히 소나무 아래에 있는 취나물이 향이 좋다. 산나물의 대명사처럼 여겨질 만큼 가장 많이 이용되는 산채다. 산행할 때 뜯어서 쌈을 싸 먹으면 그보다 더 좋은 맛이 없다.

다른이름 동풍채(東風菜), 산백채(山白菜), 나물채, 암취, 추띠(경남)

꽃 말 이별

층층잔대 도라지과의 여러해살이풀

꽃은 9~10월 연보락색 꽃이 초롱꽃처럼 핀다. 인삼이나 더덕과 같이 맛이 강하지 않고 순해서 그냥 고추장만 찍어먹어도 맛있다. 잔대는 풀 종류 가운데서 제법 오래 사는 식물로 가끔 수백 년 묵은 것이 발견된다고도 한다.

다른이름 사삼, 제니, 방차륜자체

꽃 말 거짓, 가면, 은혜

투구꽃 미나리아재비과의 여러해살이풀

투구꽃은 로마병정이 쓰는 투구를 닮았다. 지리바꽃, 투구꽃, 돌쩌귀 등의 꽃은 생김새가 비슷하여 잘 구분이 안가는 꽃이다. 꽃은 9월에 자주색으로 피고 생김새가 특이하여 햇볕에 역광으로 보면 붉은 핏줄이 보인다. 그리고 초오라는 이름은 이 식물들의 한약명칭으로 공통적으로 쓰이고 있다. 세 가지 꽃들은 전부 독성이 강하므로 옛날에 사형을 할 때 쓰이는 사약을 만드는 재료로 썼다. 한때는 이 식물의 독을 추출하여 창이나 칼에 독으로 썼다고 한다. 수림속 습기가 있는 곳에서 발견된다.

다른이름 초오(草烏)

꽃 말 밤의 열림, 산 까치

동강이 품은 들꽃

1판 1쇄 인쇄 : 2010년 8월 24일
1판 1쇄 발행 : 2010년 9월 15일

지은이 : 정의목
발행인 : 홍정표
발행처 : 컴원미디어

주　소 : 강원도 영월군 영월읍 하송리 178-1
전　화 : 033-375-6091
등록번호 : 제 25100-2007-000015호

값 12,000원
ISBN 978-89-92475-32-7 06480